Sanitär Installationen

Wolfram Kawlath

Sanitär Installationen

Inhalt

Wasserversorgung und Abwasserentsorgung

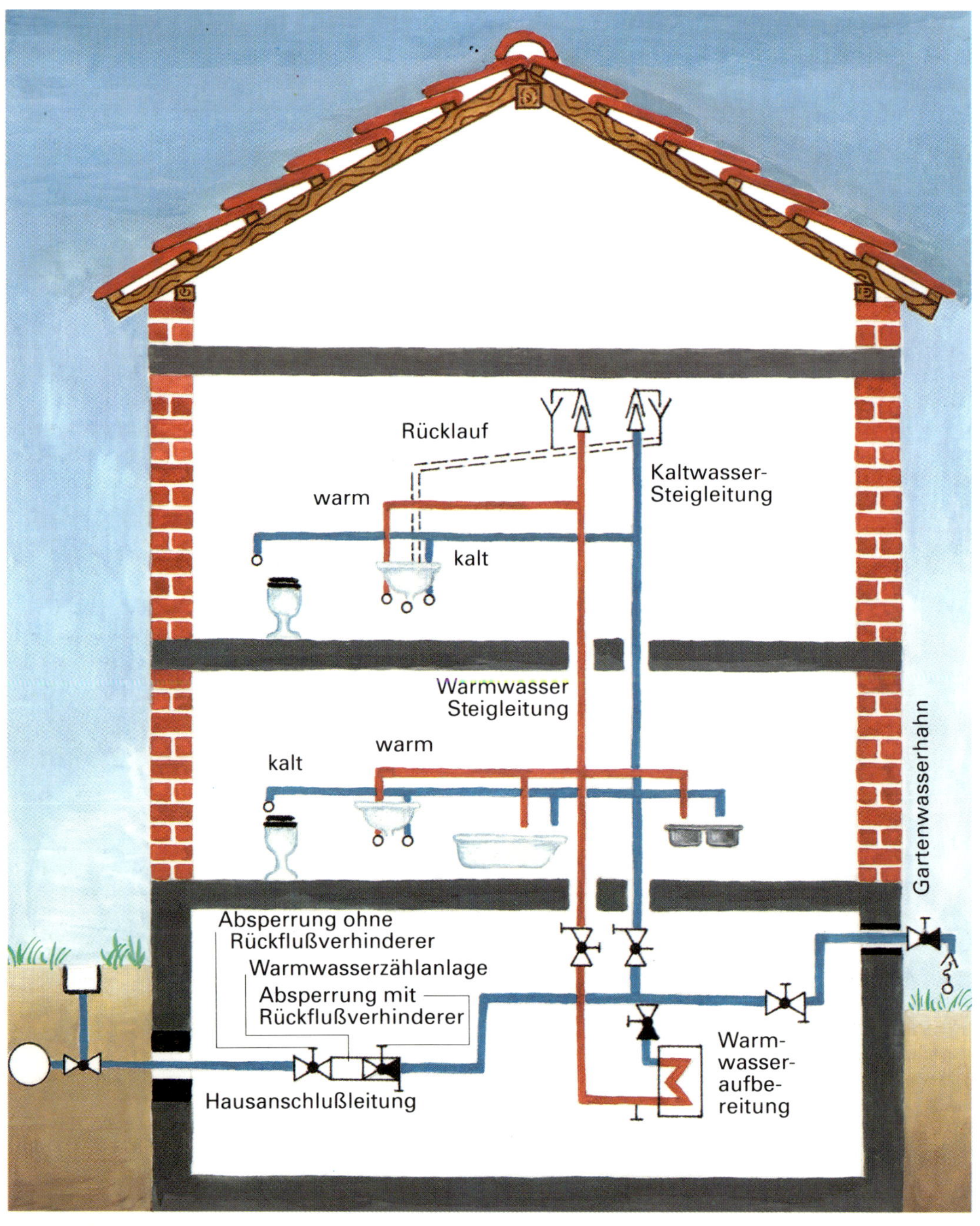

Wasserversorgung

Wasseraufbereitung und -versorgung

Wasser wird aus Brunnen gefördert oder in Oberflächenreservoirs aufgefangen, unerwünschte und schädliche Bestandteile muß man ihm daher entziehen, bzw. man muß sie neutralisieren, erst dann kann das Wasser an die Verbraucher weitergegeben werden.
Die Aufbereitung des Wassers geschieht im Wasserwerk, von dort erfolgt auch die Verteilung.
Wenn das fertig aufbereitete Wasser das Wasserwerk verläßt und dem Verbraucher zugeführt wird, muß es bis zur Entnahmestelle im privaten Haushalt der DIN 2000 (legt die Richtlinien für eine hohe Wasserqualität fest) und dem Lebensmittelgesetz entsprechen. Das ist in der Trinkwasserverordnung vorgeschrieben.
Wichtig für den Endverbraucher ist der sogenannte Härtegrad des Wassers, dieser Wert, den Sie bei Ihrem zuständigen Wasserwerk erfahren können, sagt etwas aus über die im Trinkwasser gelösten Mineralstoffe. Das sind im wesentlichen Calcium und Magnesium. Sie haben unter Hochtemperatureinfluß die unangenehme Eigenschaft, sich in Leitungen und Haushaltsgegenständen in fester Form abzulagern. Dieser von Hausfrauen und Handwerkern ungeliebte Kesselstein kann in extremen Fällen Wasserleitungen und insbesondere die Heizschlangen in Heißwassergeräten verengen.
Schädlich oder gar lebensgefährlich ist ein hoher Härtegrad, eine leichte Kalkschutzschicht in metallischen Trinkwasserleitungen wirkt korrosionsmindernd und ist aus diesem Grunde sogar erwünscht.
Unangenehm bemerkbar macht sich der Härtegrad beim Wäschewaschen, weil den Waschmitteln Stoffe zugesetzt werden – früher meist Phosphate oder deren Ersatzstoffe wie etwa Silikate –, die den Kalk im Waschwasser binden und für eine weiche Wäsche sorgen sollen. Das Waschmittelgesetz schreibt deshalb vor, daß die Hersteller auf den Packungen die Dosierungsmengen den Härtegraden entsprechend angeben müssen.
Grundsätzlich können Sie sich dabei an die untere Bemessungsgrenze halten, denn die Werte, die Sie von Ihrem Wasserwerk erfahren, sind Spitzenwerte. Nur wenn in Spitzenzeiten der Verbrauch übermäßig ansteigt, kann es vorkommen, daß Wasser aus anderen Aufbereitungsanlagen beigemischt wird; der vom Wasserwerk genannte Härtegrad berücksichtigt diese Situation bereits.
Es wird unterschieden zwischen Härtebereichen und Härtegraden (Grad Deutscher Härte):

Härtebereich 1 = 1 – 7°
Härtebereich 2 = 7 – 13°
Härtebereich 3 = 13 – 21°
Härtebereich 4 = 21° und mehr

Das fertig aufbereitete Trinkwasser wird über ein Netz von Speichern und Leitungen mit Pumpen und Zwischenpumpen den Verbrauchern zugeführt – oft über weite Entfernungen und große Höhenunterschiede.
Am Entnahmeort muß das Wasser noch mit ausreichendem Druck zur Verfügung stehen, der ist aber regional immer unterschiedlich, weil er abhängt von Luftdruck, Temperatur und Leitungsquerschnitt. Armaturen sind grundsätzlich so ausgelegt, daß sie allen vorkommenden Versorgungsdrücken standhalten; genaue Informationen über den jeweiligen Wasserdruck erhalten Sie bei Ihrem Wasserwerk – ebenso den jeweiligen Härtegrad.

Hausanschluß

Von der öffentlichen Versorgungsleitung wird die Hausanschlußleitung zum Gebäude hin leicht ansteigend und frostsicher (das kann je nach Temperaturzone im Gebiet der Bundesrepublik zwischen 100 cm und 180 cm Tiefe sein) geradlinig ins Haus geführt. Von Gasleitungen, elektrischen Kabeln und ähnlichem soll sie 40 cm, von Entwässerungsleitungen 100 cm entfernt liegen. Die Versorgungsleitung darf nicht überbaut werden, das blaue Hinweisschild am Haus soll jederzeit sichtbar sein.

Wasserzählanlage

Der Hauswasserzähler muß möglichst nahe am Eintritt der Hausanschlußleitung in das Haus in einer Höhe zwischen mindestens 30 cm und höchstens 100 cm über der Oberkante des Fertigfußbodens installiert sein. Es ist darauf zu achten, daß die Wasserzählanlage mit ihrer Absperrvorrichtung ständig gut zugänglich bleibt. Die Wasserzählanlage ist das am schnellsten erreichbare Hauptabsperrventil und darf nicht durch Schränke, Tische oder sonstige Gegenstände verstellt werden.

Verteilungs- und Verbrauchsleitungen

Alle Leitungen sollen geradlinig mit Steigung zu den Entnahmestellen hin verlegt werden, mit möglichst wenig Umleitung und unter Vermeidung von Lufttaschen (Luftblasen in der Leitung). Deshalb sind an den Hochpunkten der Steigleitungen auch Be- und Entlüftungen vorzunehmen.
Absperrventile mit Entleerungsmöglichkeit sollen an den Tiefpunkten der Steig-, aber auch der Verteilungsleitungen installiert und möglichst gekennzeichnet werden. Zudem dürfen Steig- und Verteilungsleitungen wegen bestehender Frostgefahr nicht in oder an Außenwänden verlegt werden.

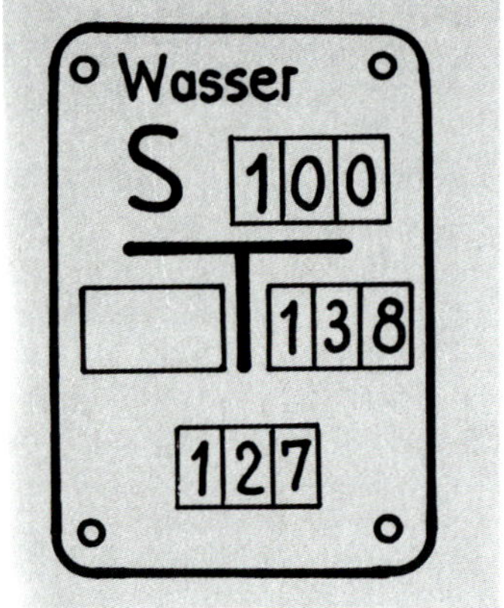

Abb. 2

Die einzige Ausnahme ist der Außenanschluß für den Gartenwasserhahn. Hier muß für die kalte Jahreszeit die Möglichkeit zur Absperrung und Entwässerung im frostsicheren Innenraum garantiert sein.

Für den privaten Einzelhausbereich gelten folgende Leitungsquerschnitte für Trinkwasserrohre aus Kupfer:

	Normbezeichnung/Innendurchmesser (in mm)		Rohraußendurchmesser/Wanddicke (in mm)
Hausanschlußleitungen	25 DN	=	28 x 1,5
Steigleitungen	20 DN	=	22 x 1
Anschlußleitungen Rohrbe- und -entlüfter	20 DN	=	22 x 1
Tropfwasserleitung bis 3 m, 3 Bogen	20 DN	=	22 x 1
Tropfwasserleitung bis 6 m, 6 Bogen	20 DN	=	28 x 1,5
Stockwerksleitungen für Klosettspülkästen, Waschtisch, Brause, Badewanne, Waschmaschine, Geschirrspüler usw.	15 DN	=	15 x 1

Verlegegrundsätze

Wasserleitungen dürfen keinesfalls in Kellerfußböden verlegt werden, Kaltwasserleitungen liegen (Wärme steigt nach oben) immer unterhalb von Warmwasserleitungen. Grundsätzlich schreibt die DIN 1988 bei nebeneinander angeordneten Entnahmestellen vor, daß die Absperrvorrichtung für warmes Wasser links, für kaltes Wasser rechts angebracht sein muß. Dies gilt auch für Mischarmaturen.
Trinkwasserleitungen dürfen auf keinen Fall mit Nichttrinkwassereinrichtungen verbunden werden. Der Gesetzgeber schreibt Rückflußverhinderer und Geräteanschlußventile mit Rohrbelüftung vor. Sie sind zu verwenden

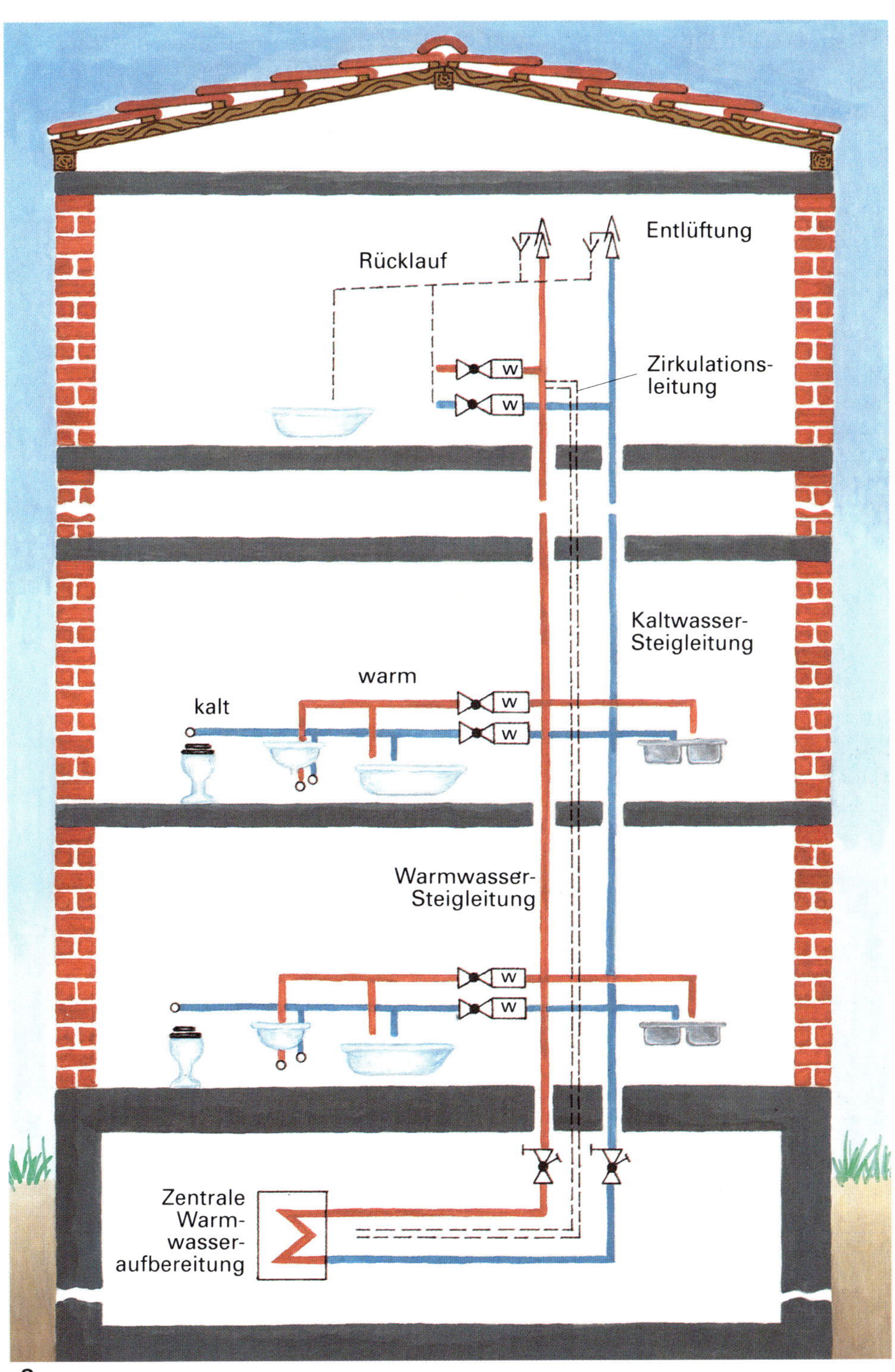
Entlüftung
Rücklauf
Zirkulations-
leitung
w
w
Kaltwasser-
Steigleitung
warm
kalt
w
w
Warmwasser-
Steigleitung
w
w
Zentrale
Warm-
wasser-
aufbereitung

Abb. 3

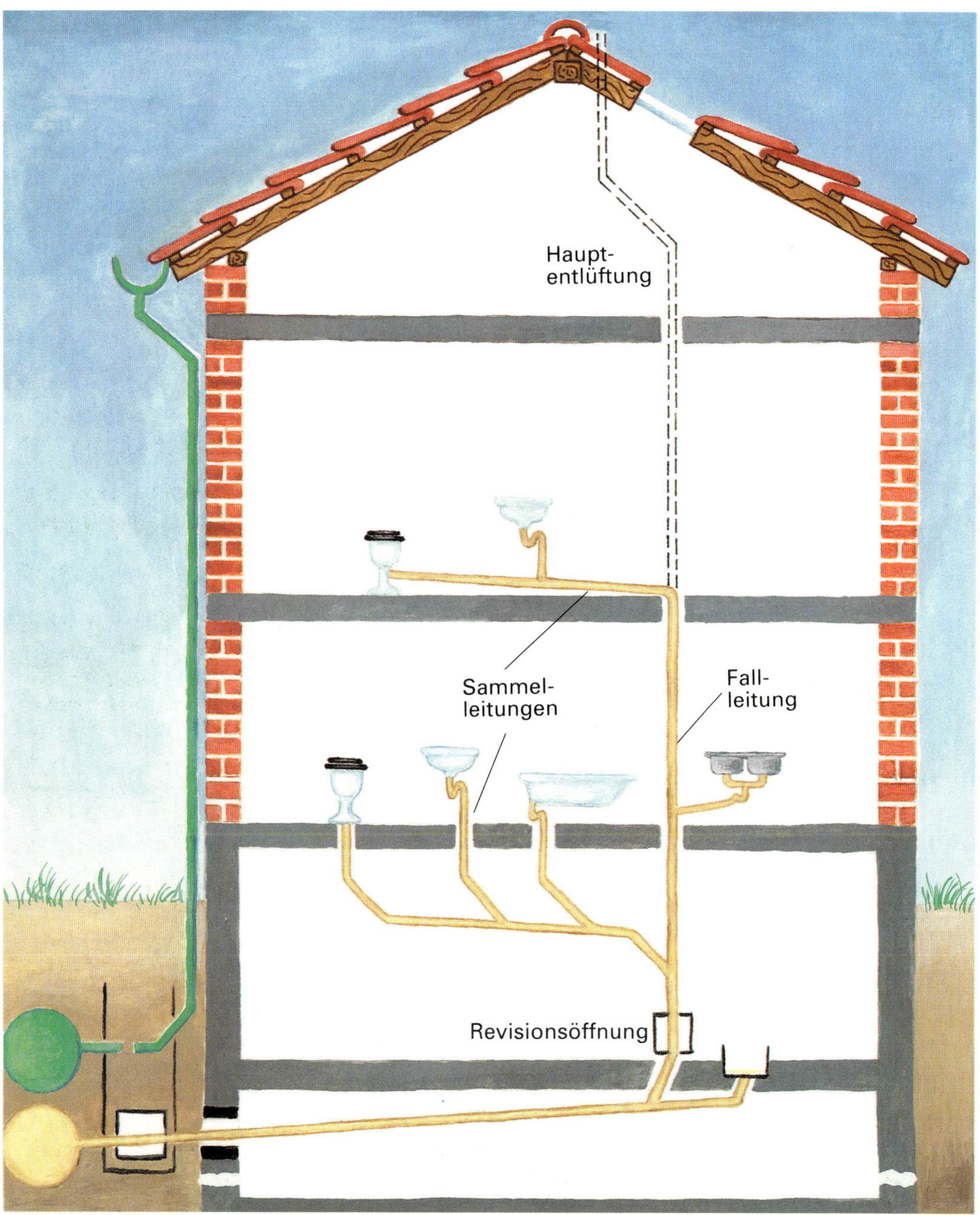
Haupt-
entlüftung
Sammel-
leitungen
Fall-
leitung
Revisionsöffnung

Abb. 4

für Swimmingpools, Gartenschläuche sowie den Anschluß von Spül- und Waschmaschinen.
Speziell die in der Kücheninstallation noch häufig verwendeten Verlängerungsschläuche für den Schwenkauslauf sind unzulässig wegen der damit verbundenen Gefahr der Rücksaugung (das Schmutzwasser gelangt dabei in den Trinkwasserkreislauf).
Grundsätzlich sollen deshalb alle Armaturenausläufe in Waschbecken usw. mindestens 20 mm über dem höchsten Schmutzwasserstand liegen.

Abwasserentsorgung

Grundsätzliches

Die DIN 1986 unterscheidet folgende Abwasser- und Entwässerungsabschnitte bei der Hausinstallation:

1. Grundleitung – sie nimmt über die Sammelleitung das gesamte Abwasser eines Hauses auf und leitet es über den Anschlußkanal außerhalb des Grundstückes in das öffentliche Netz
2. Falleitung – sie ist die senkrechte Sammelleitung für das in den einzelnen Geschossen sich sammelnde Schmutzwasser; muß grundsätzlich entlüftet sein
3. Anschlußleitung – sie führt vom Geruchsverschluß des Entwässerungsgegenstandes zu einer weiterführenden Leitung; das kann eine Sammelleitung oder gleich die Falleitung sein
4. Umgehungsleitung – eine solche Leitung muß immer in mehrgeschossigen Häusern gezogen werden, wenn es im Anschlußbereich oder beim Übergang einer Falleitung in eine Sammelleitung zum Stau kommt
5. Lüftungsleitung – sie dient dem Druckausgleich und der Belüftung im gesamten Leitungssystem und nimmt kein Abwasser auf
6. Regenfalleitungen – sie liegen außerhalb des Hauses und leiten das Regenwasser direkt in die Grundleitung

Entwässerungsleitungen

Entwässerungsleitungen für Abwasser müssen für die auftretenden Drücke gasdicht sein. Nur DIN-gerechte Teile mit Prüfzeichen dürfen verlegt werden.
Es gibt Entwässerungsrohre aus unterschiedlichen Werkstoffen, z.B. aus Gußeisen, Stahl und Kunststoff.
Für die Verarbeitung durch den Sanitärheimwerker eignen sich am besten die heißwasserbeständigen HT-Kunststoffrohre. Das Kürzel HT bedeutet: hochtemperaturbeständig. Der Vorteil liegt in ihrer einfachen, problemlosen Verarbeitung: Sie werden einfach ineinandergesteckt. Es gibt eine lückenlose Auswahl an Abzweigungen, Winkeln, Muffen, Reduzierungen, Revisions- und Reinigungsöffnungen in allen Durchmessern. Kunststoffrohre gibt es in der Qualität KG (Kaltwasser-Grundrohr) und KA (Kaltwasser-Abflußrohr) für die Verlegung im Erdreich oder in Gebäuden. Beide Rohrarten vertragen nur Temperaturen bis 60 ° Celsius. Sie sollten daher grundsätzlich HT-Rohre verlegen, weil Sie dann auch für den Fall gerüstet sind, wenn Sie heiße Abwässer ableiten wollen.

Rohrbefestigung und Dehnungsausgleich

Bei Verlegung von Kunststoffabwasserrohren, die heiße Abwässer aufnehmen sollen, ist zu beachten, daß diese einer erheblichen Längenänderung durch Erwärmung unterliegen. Zudem müssen sie wegen ihres insbesondere bei Vollfüllung großen Gewichtes sicher befestigt sein. Das geschieht mit Gleit- und Festpunktschellen. Der Abstand der Schellen darf in der Waagerechten das 10fache, in der Senkrechten höchstens das 15fache des Nenndurchmessers betragen. Ein kleiner Dehnungsausgleich findet dadurch statt, daß die Rohre nicht bis zum Anschlag in die Muffen gesteckt werden, sondern mit einem Bewegungsspiel von 10 mm. Falls Sie eine verschweißte PE-Rohrleitung vorfinden, muß diese zwischen jedem Stockwerk und mindestens alle 6 m in der waagerechten Führung eine Dehnungsmuffe aufweisen. Biegeschenkel finden Sie ebenfalls nur bei verschweißten PE-Rohren (ohne Gleitmuffen) und in Mehretagenhäusern. Gleitschellen haben eine spezielle PVC-Einlage und geben den Rohren somit eine gute Bewegungsfreiheit, Festpunktschellen haben hingegen nur eine Gummieinlage.

Leitungsquerschnitte

Der Durchmesser der Schmutzwasserleitung für die verschiedenen Entwässerungsgegenstände ist normgerecht festgelegt (siehe Tabelle), diese Rohrweite gilt jedoch nur für jeweils einen Entwässerungsgegenstand dieser Art und auch nur für eine bestimmte Länge. Ist der Weg länger oder sollen mehrere Entwässerungsgegenstände angeschlossen werden, ändern sich die Rohrdurchmesser.
Für ein Waschbecken beispielsweise ist ein Abflußrohr von 50 mm Durchmesser ausreichend. Muß dieses Rohr jedoch mehr als dreimal umgeleitet werden, ist der Weg zum Fallrohr um den nächstgrößeren Durchmesser zu erweitern ❺, B. Liegt auf dem Weg zum Fallrohr auch noch eine Gefällstrecke von mehr als 50 cm Höhenunterschied, so ist nochmals um einen Rohrdurchmesser zu erweitern ❺, in Teil A.
Gerechnet wird bei einer Änderung des Rohrdurchmessers so: An einem Anschluß DN (Nennweite) 40 dürfen 2 Waschbecken angeschlossen werden (2 x 0,5 AW = 1 = 40 mm), ein Waschmaschinenanschluß ans Spül-

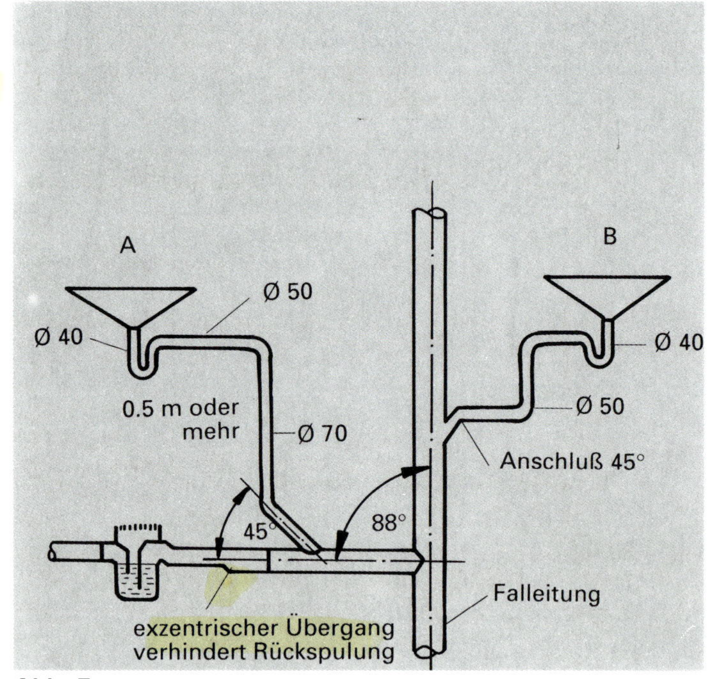

Abb. 5

Leitungsquerschnitte + Anschlußwerte		
Handwaschbecken, Sitzwaschbecken, Waschtisch	Abflußrohr DN 40	40 mm Durchmesser = Anschlußwert 0,5
Spülbecken, Spülmaschine Waschmaschine, Ausguß	Abflußrohr DN 50	50 mm Durchmesser = Anschlußwert 1
Klosett	Abflußrohr DN 100	100 mm Durchmesser = Anschlußwert 2,5
Dusche, Badewanne	Abflußrohr DN 50	50 mm Durchmesser = Anschlußwert 1
Badablauf über 2 m Länge	Abflußrohr DN 70	70 mm Durchmesser = Anschlußwert 1

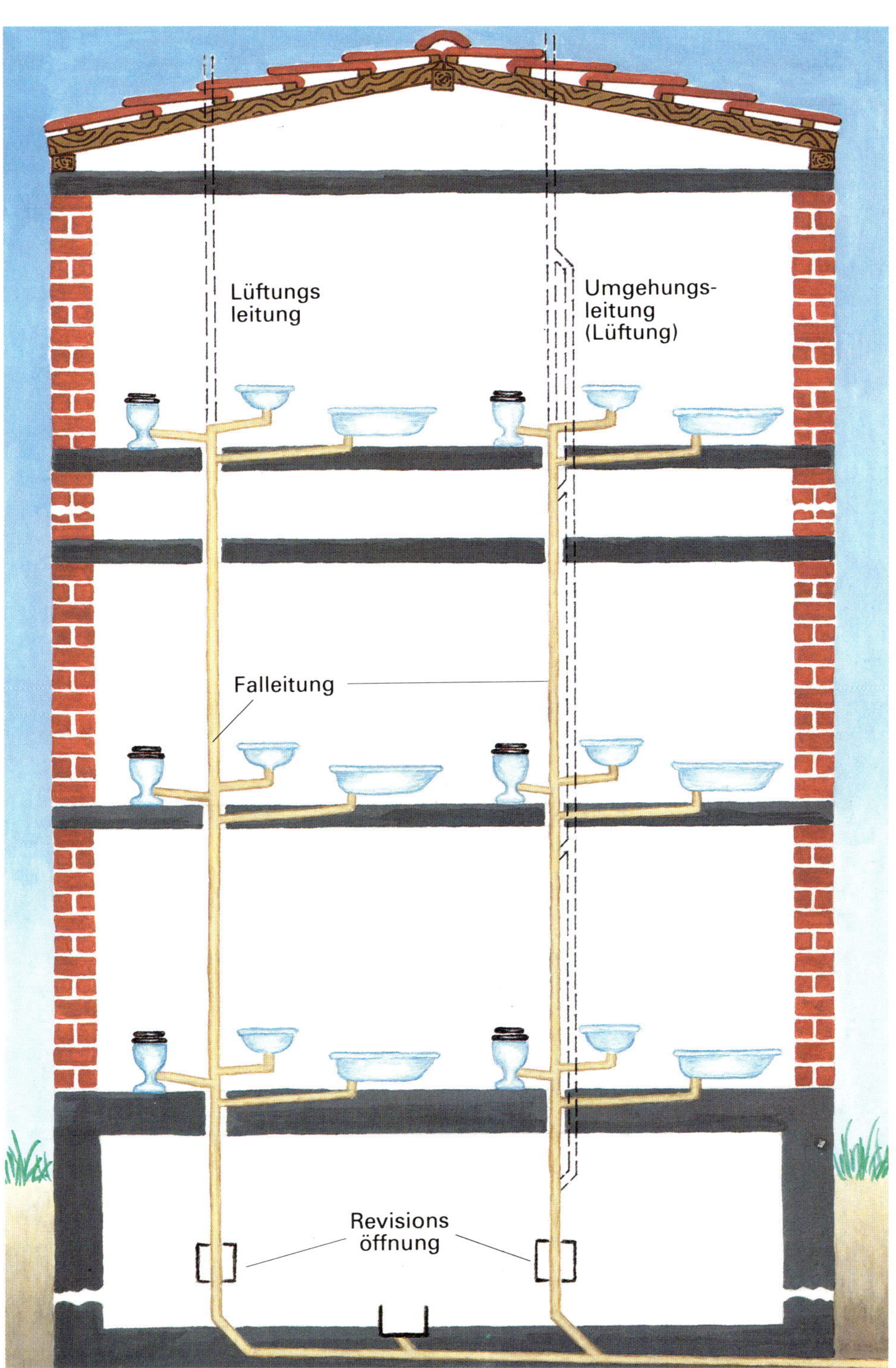
Lüftungs
leitung
Umgehungs-
leitung
(Lüftung)
Falleitung
Revisions
öffnung

Abb. 6

becken ist nur möglich bei einem größeren Querschnitt. Gerechnet wird bei einer Änderung des Rohrdurchmessers so: Ein Handwaschbecken hat einen Anschlußwert von 0,5, ein Waschtisch ebenfalls. Damit ist für beide der Wert 1 erreicht, mehr Sanitärgegenstände kann ein Abflußrohr von 40 mm Durchmesser nicht verkraften. Soll jetzt beispielsweise noch ein Sitzwaschbecken angeschlossen werden, muß der nächstgrößere Rohrdurchmesser von 50 mm gewählt werden.
Soll in der Küche eine Spülmaschine an den Spülbeckenabfluß von 50 mm Durchmesser angeschlossen werden, muß ein Abflußrohr mit 70 mm angeschlossen werden, weil Spülbecken und Spülmaschine für 50 mm Rohrdurchmesser den Anschlußwert 1 haben.
Anschlüsse von einzelnen Entwässerungsgegenständen oder von Sammelleitungen an Falleitungen sollen möglichst immer in einem Winkel von 88° verlegt werden. In Ausnahmefällen können es auch 45° sein – dann aber mit großem Leitungsquerschnitt.

Gefälle

Bei der Verlegung von waagerechten Leitungen ist auf ein Mindest- und ein Höchstgefälle zu achten – beides hat seinen Sinn: Zu geringes Gefälle bewirkt Füllung des Rohrs, schlechte Belüftung und starke Geräuschentwicklung, zu großes Gefälle bewirkt schlechte Schwemmwirkung, Feststoffe bleiben unter Umständen liegen, weil das Wasser zu schnell abfließt.
Die nachfolgende Tabelle gibt an, um wieviel Zentimeter je Meter Länge ein Rohr an einem Ende tiefer gelegt werden muß, damit das erforderliche Mindestgefälle auch erreicht wird.
Einmündungen und Abzweigungen in waagerechte Leitungen sind in einem Winkel von höchstens 45° und nie gegen die Flußrichtung vorzunehmen, Umlenkungen (Richtungsänderungen) immer nur in einem Winkel von 45°.

Mindestgefälle		
Rohrdurchmesser	70 mm	Mindestgefälle 1 : 50 = 2 cm Absenkung je Meter
Rohrdurchmesser	100 mm	Mindestgefälle 1 : 50 = 2 cm Absenkung je Meter
Rohrdurchmesser	125 und 150 mm	Mindestgefälle 1 : 66,7= 1,5 cm Absenkung je Meter
Rohrdurchmesser	200 und mehr mm	Mindestgefälle 1 : 0,5 % vom Rohrdurchmesser

Kupferrohre verarbeiten

Das Material

Kupferrohre werden eingesetzt im gesamten Trinkwasserbereich. Es gibt sie in unterschiedlich großen Durchmessern und in unterschiedlichen Wanddicken als Stangenware und auch aufgerollt. Standardlängen für Stangenware sind 2,50 m und ca. 5 m; Rollenware gibt es in Längen von 25 und 50 m. Selbstverständlich wird Ihnen auch die Menge, die Sie benötigen, zurechtgeschnitten. Die Angebotsform sagt gleichzeitig etwas aus über Materialeigenschaften und über den Einsatzzweck: Die Stangenware ist aus normal hartem Kupfer und wird hauptsächlich für die gerade verlaufenden Versorgungsleitungen verwendet. Diese Rohre werden normalerweise nicht gebogen; Richtungswechsel erfolgen durch zwischengesetzte kurze Verbindungsstücke, die sogenannten Fittings, die es in unterschiedlichen Radien gibt. Es sind wahre Präzisionsbauteile von exakter Paßgenauigkeit.
Bei der Rollenware handelt es sich um entspanntes Kupfer, das sich leicht biegen läßt.
Rollenware benötigen Sie für den Anschluß von Armaturen und Warmwassergeräten sowie überall dort, wo etwas »hingebogen« werden muß, ganz gleich, ob ein Weg zu verlängern oder zu kürzen ist. Beide Angebotsformen gibt es naturblank, kunststoffummantelt und – in kleinen Durchmessern – auch verchromt.

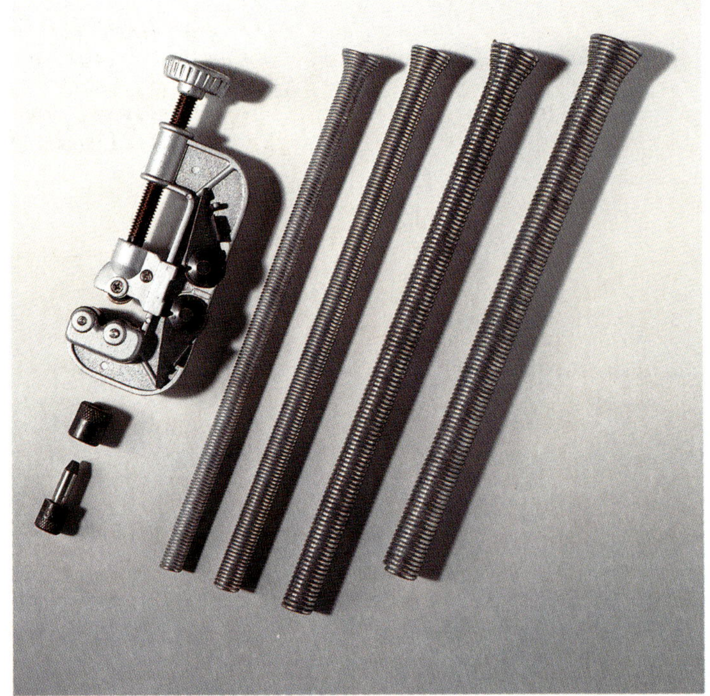

Abb. 1

Abb. 2

Stangenware gibt es in 6–28 mm Durchmesser, für Großanlagen wie z.B. öffentliche Bäder auch bis zu 108 mm Durchmesser.
Im privaten Haus- und Wohnungsbereich sind Durchmesser von 8–15 mm häufig vertreten.

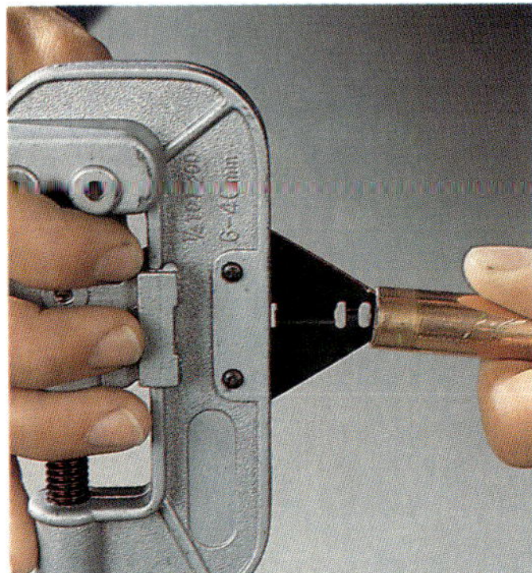

Abb. 3

Rollenware gibt es in Durchmessern von 6–18 mm; üblich in der Praxis sind 10 mm Durchmesser für den Anschluß an Armaturen und an Eckventilen und 8 mm Durchmesser für den Anschluß von Untertisch-Kleinspeichern.

Kupferrohr verarbeiten

Sie benötigen folgendes Werkzeug:

- Metallsäge
- Rohrschneider
- Entgrater
- Kalibrierset
- Biegefeder

Die Arbeitsschritte:

- Rohr trennen
- Rohr entgraten
- Rohr kalibrieren
- Rohr biegen

Auf Länge geschnitten werden Kupferrohre mit dem Rohrschneider: die Schnittstelle bleibt maßhaltig. Nur in Ausnahmefällen, wenn bei bereits vorhandenen Leitungen der Rohrschneider nicht angesetzt und herumgeführt werden kann, benützt man die Metallsäge.
Abbildung ❶ zeigt links den Rohrschneider mit herausklappbarem Dorn zum Entgraten, darunter Kalibrierring und -dorn, um das Rohrende exakt nachzurichten. Daneben liegen Rohrbiegefedern verschiedener Durchmesser für die jeweils entsprechenden Rohrdicken.

Schneiden

Setzen Sie den Rohrschneider so an, daß die Führungsrollen glatt am Rohr liegen, und drehen Sie die Schneidscheibe mit dem Handrad so eng an das Rohr heran, daß das Werkzeug festsitzt und das Schneidrad einen leichten Druck ausübt.

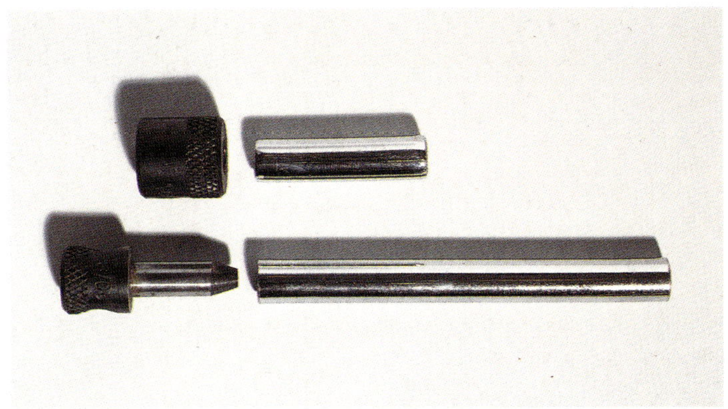

Abb. 4

Jetzt ziehen Sie den Rohrschneider am Handrad um das Rohr herum ❷, das Rohr halten Sie dabei mit der freien Hand fest, damit es sich nicht mitdreht. Rohre größeren Durchmessers spannen Sie für diese Arbeit besser im Schraubstock fest.
Nach jeder Runde ums Rohr muß das Schneidrad mit dem Handrad angezogen werden – so schneidet es immer tiefer und das Rohr wird schließlich durchtrennt.

Entgraten

Die geschnittenen Rohrenden haben immer einen leichten, scharfen Grat nach Innen, weil das harte Schneidrad das weichere Kupfer quetscht. Diesen Grat entfernen Sie mit dem Entgrater ❸, es könnte sonst an dieser Stelle im Wasserstrom lautstarke Verwirbelungen geben. Außerdem darf das Entgraten auch deshalb nicht vergessen werden, weil beim Aufbringen von Fittings durch die Außengrate keine Paßgenauigkeit möglich wäre.

Kalibrieren

Kalibrieren bedeutet, dem aus welchen Gründen auch immer verformtem Rohr den genauen Durchmesser zu geben. Speziell die weichen verchromten 8- und 10-mm-Kupferrohre der Armaturen- und Eckventilanschlüsse verformen sich leicht. Zur Korrektur schlagen Sie zunächst den Kalibrierdorn ein und setzen danach den Kalibrierring von außen an ❹. So vermeiden Sie undichte Quetschverbindungen.

Biegen

Die Biegefeder muß dem jeweiligen Rohrdurchmesser entsprechen, sie gibt dem Rohr eine feste Führung und verteilt den Biegedruck gleichmäßig. Sie wird mit der trichterförmigen Öffnung auf das Rohr geschoben und kann auch nur in Richtung des Trichters wieder abgezogen werden. Die trichterförmige Öffnung sollte also immer zum kürzeren Rohrende zeigen, damit Sie die Feder leicht abschieben können.

Gebogen wird mit der freien Hand, wählen Sie dabei immer den größtmöglichen Radius ❺. Mit der Biegefeder läßt sich übrigens nur weiches, entspanntes Kupferrohr biegen, für die harte Stangenware benötigt man eine Profibiegevorrichtung.

GEWUSST WIE
Nehmen Sie die zu biegende Form vorher mit einem Draht ab und benutzen Sie diesen als Schablone ❻, dann brauchen Sie nicht mehrmals zu probieren, und das Rohr paßt sofort.

Kupferrohre weichlöten

Sie benötigen folgendes Werkzeug und Material:

- Lötbrenner mit Gaskartusche
- Flußmittel
- Lot
- Schmirgelleinen

Die Arbeitsschritte:

- Lötstelle reinigen
- Flußmittel auftragen
- Lötstelle erwärmen
- Löten

Grundsätzliches

Löten ist die feste Verbindung metallischer Werkstücke mit einem metallischen Bindemittel. Dies geschieht unter Wärmeeinfluß, das Bindemittel ist das Lot. Zuvor aufzustreichende spezielle Flußmittel sorgen für eine gute Haftung des Lotes,

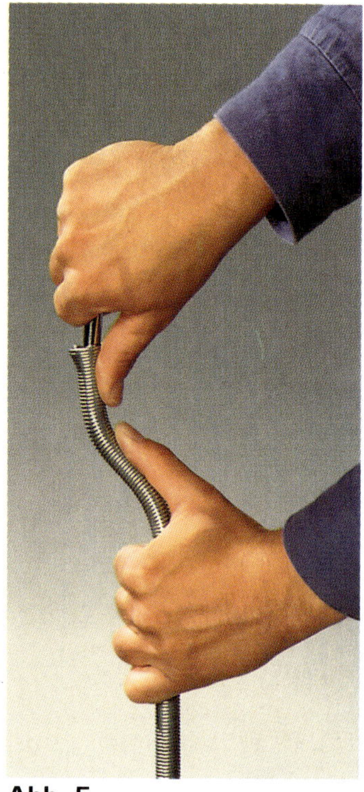

Abb. 5

denn sie beseitigen eventuell noch vorhandene Oxydationen und verhindern das Entstehen neuer Oxydationsschichten.
Verbunden werden Kupferrohre mit sogenannten Fittings; es gibt sie in fast jedem gewünschten Radius, auch als Reduzierstück und als T-Stück.
Moderne Rohrfittings sind wahre Präzisionsbauteile. Die hohe Paßgenauigkeit erlaubt eine saubere und belastbare Lötung: Das Lötzinn wird durch die Kapillarwirkung in die feine Fuge zwischen Rohr und Fitting sauber und sparsam eingezogen.
Lötverbindungen können nicht mechanisch gelöst werden, sondern immer nur unter Wärmeeinfluß. Deshalb wird auch nur dort gelötet, wo später nichts mehr auseinandergenommen werden muß: beim Rohrleitungsbau. Eine Armatur sollte grundsätzlich verschraubt werden, sie ist dann leichter austauschbar – es sei denn, es handelt sich um eine Unterputzarmatur, an die man später ohnehin nicht mehr herankommt. Anschlüsse an Eckventile usw. werden mit Schneid- oder Eckverbindungen hergestellt.

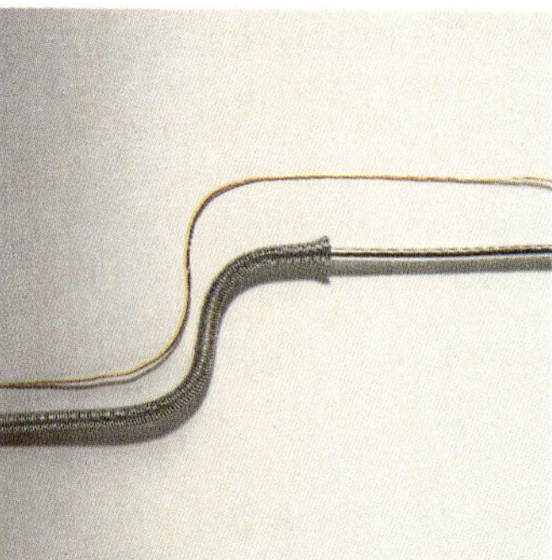

Abb. 6

Arten des Lötens

Unterschieden wird zwischen Weich- und Hartlöten – eine Frage der späteren Belastung der Verbindung. Weichlöten geschieht bei »niedrigen« Temperaturen von 180–400 °Celsius, zum Hartlöten sind mehr als 450 °Celsius erforderlich. In Ausnahmefällen allerdings erlauben spezielle Hartlote das Hartlöten schon bei 300 °Celsius, diese kommen im Sanitärbereich nicht zur Anwendung. Als Grundregel kann gelten: waagerechte Leitungen, wie z.B. die Verlängerung einer Wasserentnahmestelle (vom Durchlauf-

Abb. 1

Abb. 2

erhitzer wird eine zusätzliche Leitung zu einer neu installierten Dusche im Nebenraum verlegt, dazu eine Kaltwasserleitung) werden weich gelötet; eine Steigleitung für ein komplettes zusätzliches Badezimmer unterm nachträglich ausgebauten Dach aber sollte – allein schon wegen der größeren Querschnitte der Rohre – grundsätzlich hart gelötet werden.

Das Gerät

Ein ganz normaler Lötbrenner mit Gaskartusche, dazu Lot und Flußmittel – mehr brauchen Sie nicht zum Weichlöten (siehe große Abbildung). Sehr wichtig ist eine feuerfeste Unterlage, z.B. eine Schamottsteinplatte. Gezündet wird der Brenner am besten mit einem Gasfeuerzeug, Streichhölzer oder Feuersteinzünder sind zu umständlich in der Handhabung.

Der Arbeitsgang

Grundvoraussetzung für eine feste Lötverbindung ist die gute Vorbereitung der Lötstelle. Beim Löten haften die zu verbindenden Teile durch das Bindemittel Lötzinn. Es vernetzt sich mit den angrenzenden Teilen und geht – auch bei unterschiedlichen Metallen – mit deren Oberfläche eine Legierung ein. Eine Verflüssigung und anschließende Verschmelzung der Bauteile, wie es beim Schweißen der Fall ist, findet nicht statt.
Damit das Lötzinn auch wirklich einwandfrei haften kann, sollen die Kontaktflächen der zu verbindenden Teile metallisch blank sein . Das erreichen Sie durch gründliches Putzen mit Schmirgelleinen ❶. Vergessen Sie dabei nicht die Innenseite des Fittings, der ja über das Rohr gestülpt wird.
Das Flußmittel wird hauchdünn und nur auf die Außenseite der Rohrenden aufgetragen und nicht in das Fitting gestrichen. Es darf wegen seiner schädlichen Inhaltstoffe auf keinen Fall auf die Innenseite der Trinkwasserleitung gelangen. Reste sind sehr gründlich zu entfernen.
Mit dem Flußmittel beseitigen Sie eventuell noch bestehende Oxydationsschichten und verhindern, daß sich wieder neue Schichten bilden. Die zu verbindenden Stücke werden jetzt positionsgenau zusammengelegt und eventuell fixiert. Oft aber ist das nicht nötig: Stecken Sie die Teile einfach senkrecht zusammen, so sitzen sie allein durch ihr Eigengewicht schon paßgenau und bis zum Anschlag im Fitting.
Bei einer normalen Gaslötlampe mit untergesetzter Kartusche können Sie durch Drehen der Brennerdüse die Stärke der Flamme verstellen, einen Einfluß auf die Temperatur hat dies jedoch nicht. Wichtiger ist eine gleichmäßig weich eingestellte Flamme mit weißem, spitzkegelförmigem Kern und blauem Mantel. Eine fackelnde, fauchende Flamme ist unnötig, Sie verschwenden nur Gas.
Gelötet wird immer von unten nach oben, die Wärme steigt im Material auf, Sie sparen Zeit und Energie.
Auch bei längeren Rohrleitungen brauchen Sie nur das Fitting selbst und den Bereich darunter zu erwärmen ❷ – die Hitze steigt ja im Material von allein auf.
Sehr viel wichtiger ist die gleichmäßige Erwärmung des Materials. Führen Sie deshalb den Brenner stets langsam rundherum und auf und ab.
Die richtige Temperatur ist erreicht, wenn das Lötzinn am erwärmten Metall (Flamme des Brenners beiseite) schmilzt. Es läuft dann infolge der Kapillarwirkung von selbst in die feine Fuge zwischen den zu lötenden Teilen und wird förmlich aufgesogen.

Auf keinen Fall darf beim Weichlöten das Lötzinn selbst direkt mit der Flamme erhitzt werden – es überhitzt, wird klumpenförmig und die Lötstelle mißlingt mit Sicherheit.

GEWUSST WIE
Für den Trinkwasserleitungsbau dürfen nur Lote und Flußmittel verwendet werden, die für diesen speziellen Zweck zugelassen sind. Als Lote kommen nur solche in Frage, die hygienisch und vor allem toxikologisch unbedenklich sind, also z.B. kein Blei enthalten. Deshalb muß auf der Verpackung der Lote neben der Herstellerangabe und der DIN-Nummer auch ein Hinweis für die Eignung im Trinkwasserleitungsbau aufgedruckt sein: für Weichlote gilt die DIN 1707, für Hartlote die DIN 8513. Nur für Kaltwasserleitungen zulässig ist das Zinn-Blei-Lot L-Sn 50 Pb. Weichlotflußmittel müssen der DIN 851 entsprechen.
Leitungen sollten vor Inbetriebnahme immer gründlich durchgespült werden.

Kupferrohre hartlöten

Sie benötigen folgendes Werkzeug und Material:

- Schweißbrenner für Acetylen-Sauerstoff-Gemisch oder
  Lötbrenner mit Gaskartusche
- Flußmittel
- Hartlot in Stangenform
- Schmirgelleinen

Die Arbeitsschritte:

- Lötstelle reinigen
- Flußmittel auftragen
- Lötstelle erwärmen
- Löten

Grundsätzliches

Zum Hartlöten sind Arbeitstemperaturen von mehr als 450 ° Celsius erforderlich. Das setzt auch einen leistungsstarken Lötbrenner für hohe Arbeitstemperaturen voraus. Diese Temperaturen können Sie auch mit einem normalen Gaslötbrenner mit Gaskartusche erreichen ❶, ideal aber ist ein Schweißbrenner, der mit einem Acetylen-Sauerstoff-Gemisch arbeitet. Der wesentliche Unterschied ist dieser: für dickwandige Verbindungen reichen Gaslötlampen nicht aus, weil der Erwärmvorgang zu lange dauern würde. Beim Zusammenbau langer Leitungsrohre wird der Vorteil offenbar: Beim Gaslötbrenner würden sie zuviel Wärme schlucken, mit dem wesentlich leistungsstärkeren Acetylen-Sauerstoff-Brenner erreichen Sie auch bei diesen langen Rohren die erforderliche Temperatur schnell und löten einfach zügiger.
Auch hier soll die Flamme wieder so angesetzt werden, daß die Wärme zur Lötstelle hin steigt.
Zum Verbinden durch Hartlöten eignen sich alle Metalle einschließlich solcher Gußwerkstoffe wie Bronze oder Grauguß. Soll z.B. von einer Hauptleitung aus verzinktem Stahlrohr eine Wasserleitung aus Kupferrohr abgeleitet werden, so sollten Sie unbedingt die Übergangsverschraubung am Kupferrohr immer hartlöten.
Der wesentliche Unterschied zum Weichlöten liegt in der Handhabung des Lotes: es wird an die Lötstelle gelegt und dann direkt mit der Brennerflamme zügig aufgeschmolzen.

Abb. 1

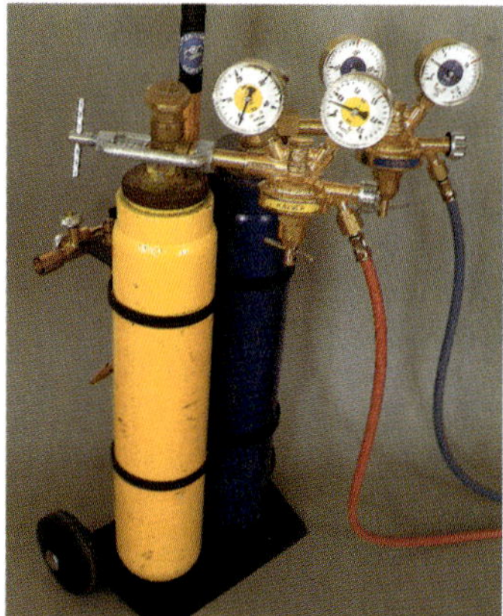
Abb. 2

Das Gerät

Sauerstoff und Acetylen – die beiden Gase, mit denen der Acetylenbrenner betrieben wird, werden in Stahlflaschen ❷ von 5, 10, 20 und 40 Liter Inhalt abgefüllt, Sau-

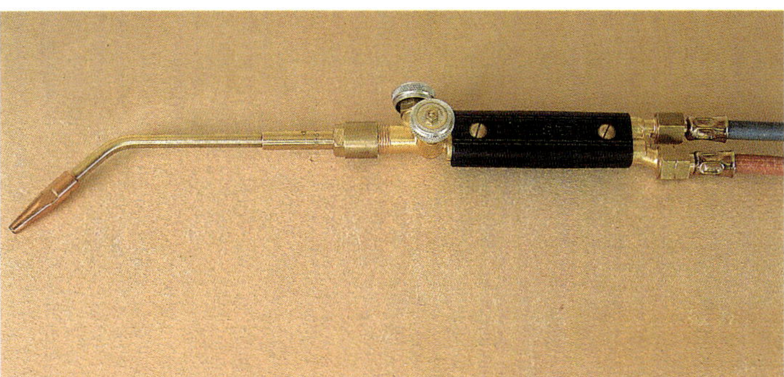
Abb. 3

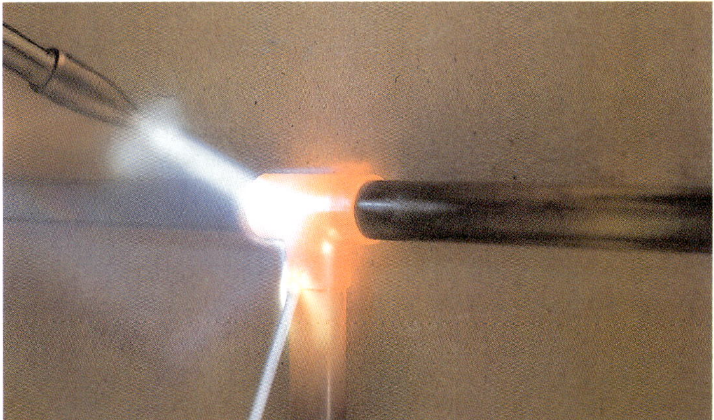
Abb. 4

erstoff mit einem Druck von 200 bar, Acetylen mit 15 bar. Druckminderer, die an die Flaschenventile angesetzt werden, erlauben eine saubere Feinmischung der beiden Gase, der Brenner wird über die Schläuche gespeist. Die Flaschen brauchen Sie nicht zu kaufen, Sie können sie ausleihen, die Füllung ist im Mietpreis enthalten.
Im Brenner ❸ treffen beide Gase zusammen, über die beiden Handräder erfolgt die Feinregelung.
Für den Brenner gibt es Düsen unterschiedlicher Durchmesser zum Auswechseln. Brenner und Armaturen gibt es für vergleichsweise wenig Geld zu kaufen, Ausleihen lohnt sich hier nicht, ist übrigens oft auch nicht möglich. Eine weitere Alternative wäre eine Hartlötausrüstung mit wiederfüllbarer Propangasflasche. Dies wäre aber nur eine zusätzliche Investition, denn Einzelarbeiten können Sie auch mit der Gaslötlampe machen, mit der Acetylen-Sauerstoff-Einrichtung aber können Sie zusätzlich schweißen.

Der Arbeitsgang

Die Vorbereitung zum Hartlöten ist genau dieselbe wie zum Weichlöten: Die zu verbindenden Teile müssen an den Verbindungsstellen metallisch rein sein. Das machen Sie wieder mit Schmirgelleinen, dann wird das Flußmittel hauchfein draufgestrichen, und zwar ebenfalls nur auf die Außenseite des Rohres.
Der Gesetzgeber schreibt für jede Gasart unterschiedliche Flaschengewinde und Armaturenanschlüsse vor, um folgenschwere Verwechslungen auszuschließen. So wird die Armatur an der blauen Gasflasche mit einer Überwurfmutter (Rechtsgewinde!) befestigt, an der gelben Acetylenflasche mit Bügelverschluß und Spannschraube. Das gilt auch für die Brennerschläuche: Linksgewinde und rote Schläuche für Gas, Rechtsgewinde und blaue Schläuche für Sauerstoff.
Für die Dichtigkeitsprüfung öffnen Sie zunächst die Entnahmeventile und schließen sie gleich wieder. Verändert sich die Druckanzeige auch nach einiger Zeit nicht, ist alles in Ordnung, und Sie können mit Hilfe der Knebelschrauben an den Druckminderern die Arbeitsdrücke einstellen. Das sind bei Sauerstoff 2,5 bar und bei Acetylen zwischen 0,25 und 0,8 bar.
Die Brennerflamme soll so eingestellt werden, daß der innere, weiße Flammenkegel etwa 8–10 mm lang ist, und die Flamme ruhig brennt. Der Flammantel ragt dann um das 10 bis 15fache darüber hinaus. Ein zu langer weißer Kegel deutet auf Sauerstoffüberschuß hin; die unliebsame Folge ist, daß die Flamme zu heiß wird und das Lötgut dadurch zerschmilzt.

Mit der Flamme werden die zu verbindenden und positionsgenau zusammengepaßten Teile jetzt so erwärmt ❹, daß sie leicht zu glühen beginnen. Dann halten Sie das Lot direkt an die Lötstelle und erwärmen es mit der Flamme so lange, bis es aufschmilzt und infolge der Kapillarwirkung in die Verbindungsstelle zwischen den Teilen gezogen wird.
Auch hier gilt wieder, daß das Lot eher sparsam einzusetzen ist – wenn es aus der Lötstelle herausquillt, ist es genug.

GEWUSST WIE
Auch für das Hartlöten dürfen nur toxikologisch unbedenkliche Lote und Flußmittel verwendet werden; die Wahl richtet sich wieder nach den zu verbindenden Stoffen.
Es gibt Hartlote aus unterschiedlichen Legierungen, bei Installationen von Wasser und Heizungsrohren aus Kupfer sind Silberhartlote zu bevorzugen, die einen niedrigen Schmelzpunkt haben, jedoch wegen des hohen Silberanteils auch recht teuer sind.

Lote und Flußmittel

Für Verbindungen von Stahl- und Kupferrohren, Fittings aus Stahl, Kupfer, Messing, Rotguß, nur zu verwenden mit Flußmittel F-SH 1 nach DIN 8511:

Hartlot L-Ag 45 Sn	(Ag 45%, CU 27%, Sn 3%, Zn 25%)	– Arbeitstemperatur 670° C
Hartlot L-Ag 34 Sn	(Ag 34%, Cu 36%, Sn 3%, Zn 27%)	– Arbeitstemperatur 710° C
Hartlot L-Ag 44	(Ag 44%, Cu 30%, Zn 26%)	– Arbeitstemperatur 730° C

Für Verbindungen von Kupferrohren und Fittings aus Kupfer ohne Flußmittel zu verwenden, bei Verbindungen Kupferrohr/Messing- und Rotgußfittings nur in Verbindung mit Flußmittel F-SH 11:

Hartlot L-Ag 2 P	(Ag 2%, Cu 91,8%, P 6,2%)	– Arbeitstemperatur 710° C
Hartlot L-Cu P 6	(Cu 93,8%, P 6,2%)	– Arbeitstemperatur 730° C

Entscheidend für die Arbeitstemperatur und damit auch für die Leistungsfähigkeit des Lötgerätes ist der Silberanteil: Hoher Silberanteil = niedrige Arbeitstemperatur, geringer Silberanteil = hohe Arbeitstemperatur.
Die DIN 8513 beschreibt die entsprechend einzusetzenden Lote, sie muß auf der Packung angeführt sein.
Die den Werkstoffen entsprechende Arbeitstemperatur ist automatisch erreicht, wenn das dazugehörende Lot beim Berühren der Lötstelle schmilzt.

Rohre verbinden und verlegen

Schraubverbindung

Sie benötigen folgendes Werkzeug und Material:

- Halbrundfeile
- Rohrzange
- Gabelschlüssel
- Hanf
- Kitt
- Teflonband

Die Arbeitsschritte:

- Gewinde aufrauhen
- Gewinde einhanfen
- Kitt angeben
- Teflonband umwickeln
- Teile verschrauben

Grundsätzliches

Schraubverbindungen bei Sanitärinstallationen sollen fest und vor allen Dingen absolut dicht sein. Das hängt gleichermaßen von den verwendeten Dichtmitteln und dem Kraftaufwand bei der Verschraubung ab.
Zu unterscheiden sind feste und lösbare Verbindungen. Schraubverbindungen mit Hanf und Dichtkitt oder mit Teflonband sind feste Verbindungen. Einmal gelöst, müssen die Dichtmittel restlos entfernt, die Gewinde der zu verbindenden Teile gründlich gesäubert und dann wieder neu eingedichtet werden.
Verschraubt werden – wenn noch vorhanden – verzinkte Stahlrohre bei Wasserleitungen sowie Kupferrohre und Armaturen. Wie bei allen Rohrleitungen im sanitären Bereich erfolgen auch hier die Richtungswechsel mittels der in entsprechenden Winkeln geformten Fittings.
Auch Verlängerungen oder Abzweigungen werden mit Fittings hergestellt.

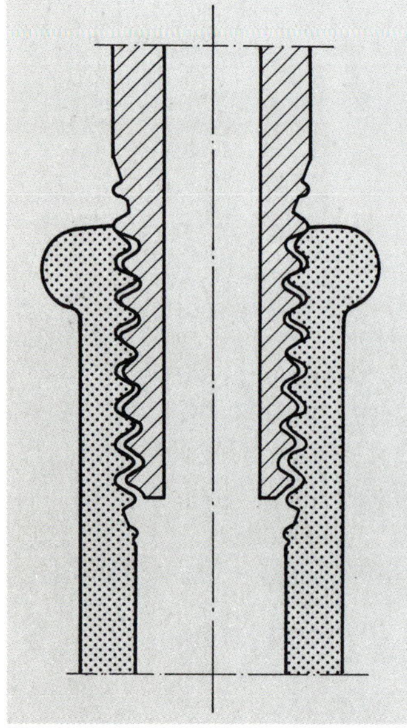
Abb. 1

Der Arbeitsgang

Das Verbindungsprinzip ist immer dasselbe: die Rohre haben an den Enden ein Außengewinde, die Fittings immer ein Innengewinde. Das Fitting hat ein zylindrisches Innengewinde, das Rohr ein Spitzgewinde mit einem Flankenwinkel von 55°, das sogenannte Whitworth-Rohraußengewinde.
Das Zusammenspiel dieser flach und spitz verlaufenden Gewinde ❶ bewirkt, daß Rohr und Fitting nahezu selbstdichtend zusammenpassen. Was so genau gearbeitet ist, entspricht natürlich auch einer DIN-Vorschrift: verzinkte Stahl-Gewinderohre DN 25 mit 33,7 mm Innendurchmesser haben nach DIN 2441 eine Wanddicke von 4,05 mm, nach DIN 2440 eine Wanddicke von 3,25 mm. Die ebenfalls im Handel befindlichen Gewinderohre DIN 2439 sind wegen ihrer Wandstärke von nur 2,9 mm für Trinkwasserleitungen nicht zugelassen.
Die Wanddicke der Rohre ist entscheidend, weil Sie beim Austausch eines alten Rohres an den Enden des neuen Stückes das Außengewinde aufschneiden müssen. Die Rohre nach DIN 2439 aber hätten nach dem Aufschneiden des Gewindes eine zu geringe Restwandstärke.
Damit der Hanf besser auf dem Gewinde haftet und beim Eindrehen in das Fitting nicht herausgequetscht wird, empfiehlt es sich, das Außengewinde mit einer Feile oder einem Metallsägeblatt mehrfach einzukerben ❷.
Aber achten Sie darauf, daß Sie das Gewinde nicht beschädigen, es darf wirklich nur leicht angezahnt werden.
Bei Armaturen übrigens, die ja ebenfalls eingehanft und eingedreht werden, sind die Gewinde durchweg schon werkseitig so vorbereitet, nur

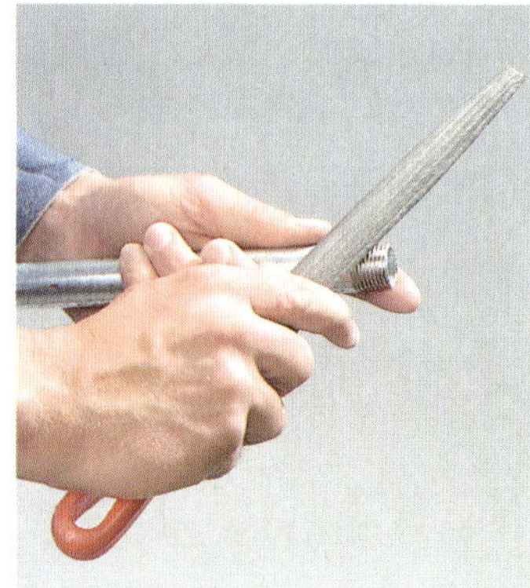
Abb. 2

Abb. 3

Abb. 4

in Ausnahmefällen werden noch solche mit glatten Gewinden angeboten.
Der Hanf soll jetzt sehr dünn und fein um das Gewinde gewickelt werden ❸, aber möglichst stramm und fest sitzen. Das wird bei den ersten Versuchen nicht ganz klappen, Übung macht jedoch auch hier den Meister.
Sehr wichtig: Lassen Sie den vordersten Gewindegang auf jeden Fall frei, so vermeiden Sie, daß eventuell abgedrehte Hanffasern in die Rohrleitung fallen. Ebenso ist es mit dem Kitt, auch er soll dünn und nicht zu weit vorn angestrichen werden ❹.
Jetzt wird das Rohr in das Fitting gedreht und mit der Rohrzange festgezogen – bis

Abb. 5

zum Anschlag durch, dann ist die Verbindung absolut dicht.
Kitt und Hanf sind die traditionellen Werkstoffe des Klempners und haben ausgezeichnete Dichtqualitäten, darüber hinaus aber noch einen ganz entscheidenden Vorteil: Wenn Sie – was beim Einbau einer Armatur sehr leicht passieren kann – zu weit gedreht haben und der Wasserhahn schief sitzt, können Sie ohne weiteres wieder ein kleines Stück zurückdrehen und das Teil exakt ausrichten. Kitt und Hanf im Zusammenspiel mit den präzise gearbeiteten Gewinden garantieren, daß der Anschluß nicht tropfen wird.
Teflonband ist eine bequeme, saubere und schnelle Art, eine Schraubverbindung abzudichten. Die Dichtqualität steht der von Kitt und Hanf nicht nach.
Trotzdem gibt es einen entscheidenden Nachteil: Einmal fest angezogen, darf hier nicht mehr gedreht werden. Auch wenn Sie nur minimal zurückdrehen, erfüllt das Dichtband seinen Zweck nicht mehr.

Deshalb gilt: Verwenden Sie Teflonband ausschließlich für Schraubverbindungen, die nur fest angezogen werden und dann unverändert bleiben. Bei einer Rohrverlängerung ❺ mittels Übergangsstück und Überwurfmutter oder beim Eindrehen eines Blindstopfens in eine vorsorglich eingebaute Wandscheibe für eine später fortzuführende Leitung oder eine noch anzuschließende Armatur ist Teflonband sicher das geeignete Dichtungsmittel.

Quetschverbindung

Sie benötigen folgendes Werkzeug:

- 1 Gabelschlüssel zum Drehen
- 1 Gabelschlüssel zum Kontern

Die Arbeitsschritte:

- Überwurfmutter, Dichtkonus, Unterlegscheibe und Dichtung (in dieser Reihenfolge) auf das Rohr schieben
- Verbindungsgewinde so aufsetzen, daß es zur Hälfte auf dem Rohr sitzt
- Überwurfmutter anziehen und das Gegenstück anbringen

Grundsätzliches

Quetschverbindungen sind lösbare Verbindungen, sie werden hauptsächlich im Armaturenbereich und zum Anschluß von Warmwassergeräten verwendet.

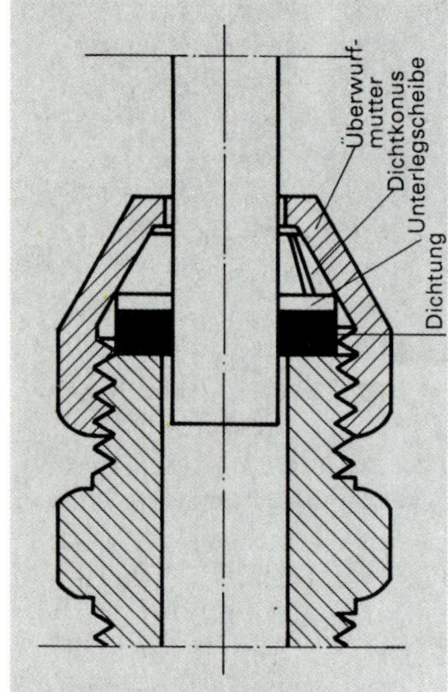

Abb. 1

Sie sind einfach in der Handhabung, die Rohre werden mit gequetschten Dichtscheiben gehalten ❶. Die Rohre selbst sollen sauber geschnitten und entgratet sein, bei einer Verlängerung oder einem Anschluß sitzen sie auf Stoß zusammen, bei einem Winkel- oder T-Stück auf Anschlag.

Der Arbeitsgang

Grundvoraussetzung für eine gelungene Steckverbindung ist ein zum Rohr passendes Verbindungsstück. Es wird zunächst auf das eine Rohrende gesteckt ❷, dann ziehen Sie die Überwurfmutter mit dem Gabelschlüssel an ❸. Wenn Sie jetzt von links und rechts die anderen Rohre an das T-Stück heranführen, wird ebenso verfahren wie bei dem Mittelanschluß. Den zweiten Gabelschlüssel benötigen Sie, wenn Sie eine Rohrverlängerung oder einen einfachen Anschluß ausführen wollen. Mit dem ersten Schlüssel halten Sie die bereits angezogene erste Überwurfmutter fest, das heißt Sie kontern, mit dem zweiten Gabelschlüssel ziehen Sie die zweite Überwurfmutter an.

Abwasserrohre aus Kunststoff

Sie benötigen folgendes Werkzeug und Material:
- Eisen- oder Kunststoffsäge
- Gehrungslade
- halbrunde Eisenfeile
- Bohrmaschine
- Wasserwaage
- Gleitmittel

Die Arbeitsschritte:
- Rohr trennen
- Rohr entgraten
- Gleitmittel anstreichen
- Zusammenstecken und Rohrschellen setzen
- Rohr verlegen
- Auftrennen für Abzweig und Abzweig stecken
- Überwurfstück stecken
- Abzweig verlängern
- Gefälle ausrichten

Grundsätzliches

Als Abwasserrohre werden heute nur noch solche aus Kunststoff verbaut. Die Vorteile gegenüber früher üblichen Steinzeug- oder Gußeisenrohren liegen nicht nur in der problemlosen Verarbeitung, sondern auch in der fast unbegrenzten Haltbarkeit und dem wesentlich geringeren Gewicht. Auf eine gute Schalldämmung schon im konstruktiven Bereich muß indes geachtet werden, da die Rohre recht dünn sind.

Für den Abwasserbereich im Haus sollten sie nur das graue, mit einem roten Strich gekennzeichnete HT-Rohr verwenden (HT steht für: hochtemperaturbeständig). Es kann auch bei Temperaturen über 130° Celsius keinen Schaden nehmen. Kaltwasser-Grundrohre (Bezeichnung KG, nur für den Erdbereich zugelassen) und Kaltwasser-Abflußrohre (Bezeichnung KA, ausschließlich für Kaltwasserabfluß in Gebäuden) sollten Sie im privaten Bereich nicht verwenden, weil hier kaltes und warmes

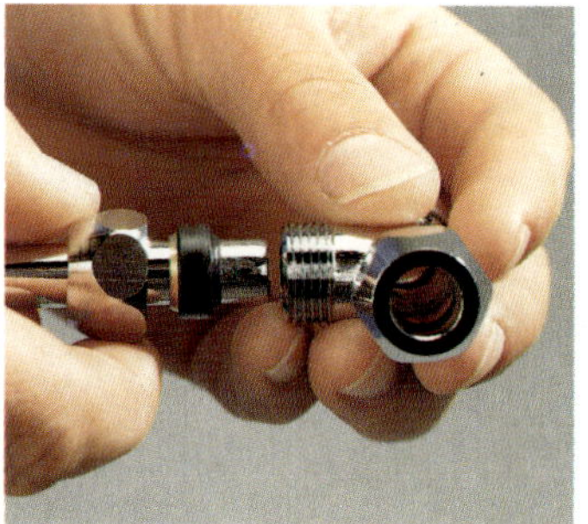
Abb. 2

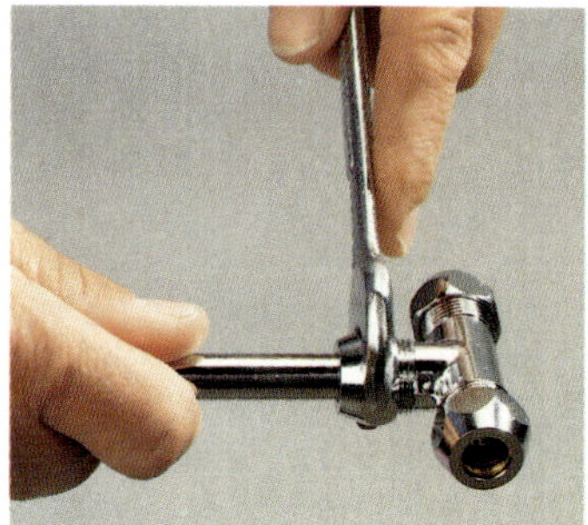
Abb. 3

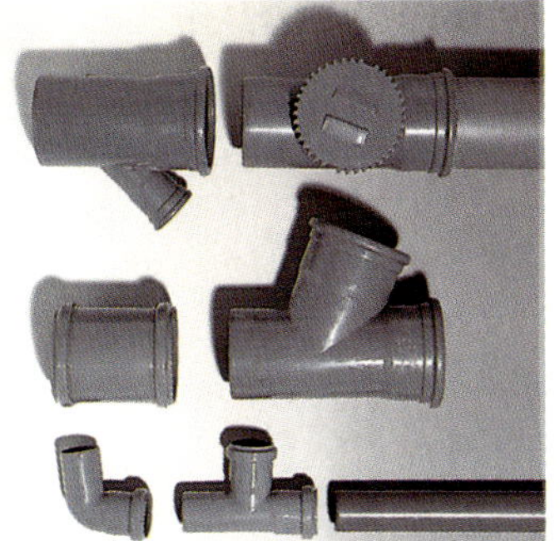
Abb. 1

Abwasser nicht zuverlässig voneinander getrennt werden können.
Das einfache Stecksystem mit den Gummidichtungsringen macht die Verarbeitung von HT-Rohren so bequem. Sie brauchen nur noch vor Ort auf Länge zugeschnitten werden, für Richtungswechsel, Anschlüsse, Übergänge und auch für die Revision gibt es spezielle Formstücke ❶, die in ihrer Vielfalt alle Möglichkeiten offenlassen. HT-Rohre sind heißwasserbeständig, brauchen aber einen Dehnungsspielraum, um auf die Temperatureinflüsse reagieren zu können. Deshalb sollten sie nicht auf Anschlag zusammengesteckt werden. Ziehen Sie bei jeder Verbindungsstelle nach dem Einschieben bis zum Anschlag das Rohr wieder um 10 mm zurück. Diesen Dehnungsspielraum ❷ markieren Sie mit einem wasserfesten Faserschreiber auf dem eingeschobenen Rohr so: das Rohr auf Anschlag einschieben, ringsum markieren und dann um das Dehnungsspiel von 10 mm wieder herausziehen.

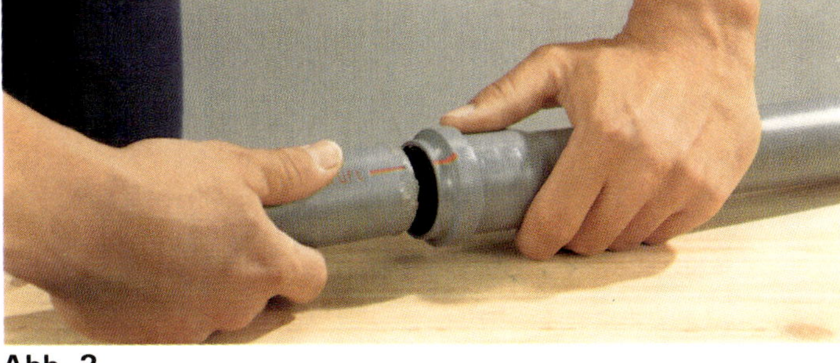
Abb. 2

Kunststoffrohr trennen

Der Trennschnitt soll möglichst glatt und rechtwinklig ausgeführt werden – bei Rohren kleinen Durchmessers gelingt das sauber in einer Gehrungslade ❸. Gesägt wird mit einer feinzahnigen Eisensäge oder einem speziellen Kunststoffsägeblatt. Die Schnittstelle ist dann aber leicht bröselig und rauh. Diesen Grat entfernen Sie mit einer Halbrundeisenfeile (feiner Hieb) ❹, zugleich wird die Kante außen leicht angefeilt, damit das Rohr sich später leicht einschieben läßt. Welchen Grad die Schrägung haben soll, können Sie von den fertigen Rohren »abgucken«, sie sind schon werksmäßig angeschrägt.

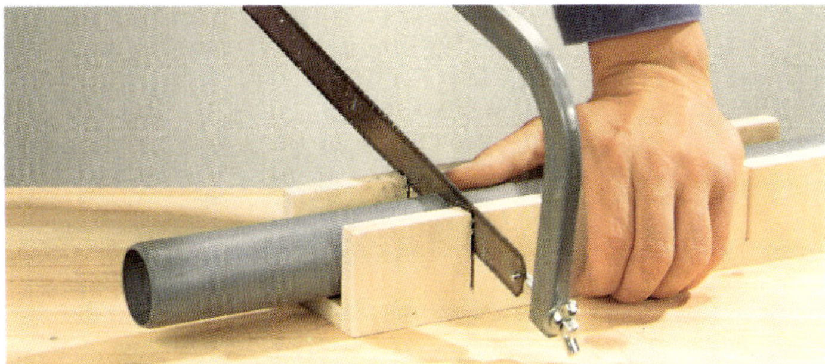
Abb. 3

Abb. 4

Kunststoffrohre zusammenstecken

Damit die Rohrenden gut durch den Gummidichtungsring gleiten können, wird ein Gleitmittel ❺ auf den Ring gestrichen. Es bewirkt zudem, daß sich das Rohr beim Dehnen leicht bewegen kann. Für die Montage reicht zur Not natürlich auch Geschirrspülmittel aus, es sollte aber im Hinblick auf die spätere Dehnungsbeweglichkeit nicht mehr eingesetzt werden.

Wandmontage und nachträglicher Abzweig

Abwasserrohre sollen grundsätzlich mit einem Gefälle angebracht werden, das auf die Entwässerungsgegenstände abgestimmt ist. Dieses Gefälle kontrollieren Sie mit einer Wasserwaage ❻, unter deren einem Ende Sie ein neigungsrichtiges Distanzstück befestigt haben. Rohre sollen von der Wand und auch untereinander einen Mindestabstand von 100 mm, unter der Decke von 120 mm haben. Sie werden mit Rohrschellen befestigt. Die Abstände der Rohrschellen richten sich nach den Rohrdurchmessern: bei senkrecht verlegten Rohren in Abständen des 15fachen Rohrdurchmessers, bei waagerecht verlegten Rohren in Abständen des 10fachen Rohrdurchmessers.
Für einen nachträglichen Abzweig markieren Sie ❼ mit

Abb. 5

Abb. 6

Abb. 7

einem Faserschreiber die Länge des Muffenstückes und führen dann den Trennschnitt ❽ aus. Das Entgraten und Anschrägen ist nach Lösen der Rohrschellen nicht kompliziert, dann setzen Sie den Abzweig unter und schieben ihn ganz nach oben. Die eigentliche durch-

Abb. 8

Abb. 9

Abb. 10

gehende Verbindung stellt die beidseitige Steckmuffe ❾ her, die auf das untere Ende gesetzt wird. Jetzt schieben Sie den Abzweig von oben in die Verbindungsmuffe, und der Anschluß ist fertig ❿.

Trinkwasserleitung verlegen

Kupferrohre verlegen und Abzweig bauen

Sie benötigen folgendes Werkzeug:

- Rohrschneidewerkzeug
- Weichlötausrüstung
- Hartlötausrüstung
- Werkzeug zum Mauerschlitzen
- Bohrmaschine
- Schraubendreher
- Wasserwaage
- ggf. Rohrkalibrierset

Die Arbeitsschritte:

- Leitung entleeren
- Position des Abzweigs festlegen
- bei Unterputz: den Kanal fertigen und Rohrschellen setzen
- Rohrstrang trennen
- ggf. Umgang bauen
- T-Fitting einlöten
- Umgang einlöten
- neuen Rohrstrang löten
- neue Rohrstränge einlöten, sämtliche Rohrschellen schließen
- Leitung durchspülen und auf Dichtigkeit prüfen

Bei allen Arbeiten an der Trinkwasserleitung – sei es, daß eine neue Armatur zwischengesetzt, sei es, daß ein Abzweig installiert wird – ist die Wasserleitung abzusperren und zu entwässern ❶. Das machen Sie beim nächstgelegenen Absperrventil. Dies soll aber so weit von der Arbeitsstelle entfernt sein, daß es auf keinen Fall von der beim späteren Löten entstehenden Temperatur erreicht werden kann. Im Zweifelsfall sperren Sie die Hauptleitung vollständig ab und bauen aus dem Absperrventil die Dichtung aus, so kann sie nicht durch Hitze beschädigt werden.

Wenn Sie die Position des Abzweigs festlegen ❷, berücksichtigen Sie die Steigung der Leitung zur Entnahmestelle hin (5 mm je m) und den dann anschließenden senkrechten Abstieg. Die Leitung soll in diesem Fall mindestens 110 cm über dem Fußboden sowie 30 cm über dem höchsten Abwasserspiegel der neu zu installierenden Entnahmestelle liegen.

Bei einer Unterputzinstallation schlitzen Sie zunächst die Begrenzung des Leitungskanals vor und stemmen ihn dann aus. Mit einem elektrischen Meißel ❸ geht die Arbeit rasch und ohne großen Kraftaufwand voran. Soll nur von einem Strang abgegangen werden, können Sie den Abzweig durch ein einfaches T-Fitting ausführen, werden Warm- und Kaltwasser abgezweigt, muß um das Rohr ein Umgang ❹ gebaut werden.

Vergewissern Sie sich aber bei einer Unterputzinstallation vorher, ob die Wand dick genug ist, um einen solchen Eingriff auch zu erlauben, immerhin liegt der Umgang um eine volle Rohrdicke hinter der Steigleitung.

Abb. 1

Abb. 3

Abb. 2

Abb. 4

Die Installation selbst führen Sie so aus: Zunächst lösen Sie die Rohrschellen der entleerten Steigleitung auf der ganzen Länge. So läßt sie sich leicht nach vorn ziehen und mit dem Rohrschneider an der entsprechenden Stelle trennen.
Ist das nicht möglich, trennen Sie mit der Metallsäge. Dann kann man die Schnittstellen sauber entgraten und mit dem Rohrkalibrierset kontrollieren. Darauf wird zunächst das T-Fitting eingelötet. Ist ein Umgang erforderlich, wird dieser an die Steigleitung angelötet.
Jetzt löten Sie das ganze Rohrstück zusammen, setzen die Rohrschellen, und löten das Rohr mit dem T-Fitting an den Abzweig. Es ist sinnvoll, gleich hinter dem Abzweig ein Absperrventil zu installieren ❺.
Für die jetzt notwendige Dichtigkeitsprüfung drehen Sie statt der neuen Armatur einen alten Wasserhahn ein – eventuelle Unreinheiten könnten nämlich die neue Armatur beschädigen.
Zunächst aber soll gut durchgespült werden. Dazu schließen Sie einen Schlauch an, drehen den Absperrhahn und danach den Endwasserhahn auf und spülen so lange durch, bis nur noch sauberes Wasser kommt.
Für die Dichtigkeitsprüfung brauchen Sie nur den provisorischen Wasserhahn an der Entnahmestelle zuzudrehen: Sofort lastet der volle Betriebsdruck auf der Installation – Undichtigkeiten zeigen sich gleich.
Bevor Sie jetzt die richtige Armatur anschließen und die

Abb. 5

Abb. 7

Abb. 6

Abb. 8

Leitung verputzen, ist es ratsam, die Leitungsrohre zu isolieren. Mit den heute üblichen »Reißverschlußschläuchen« ist das kein Problem. Zwischenliegende Armaturen ❻ werden ebenso ausgespart wie Rohrschellen, die übrigens hier noch schaumstoffisoliert sind ❼ und so dazu beitragen, daß kein Schall weitergeleitet werden kann.
Für T-Abzweigungen von dünneren Rohren schneiden Sie in die Isolierung des dickeren Rohres einfach ein entsprechendes Loch und arbeiten dann weiter ❽. Die Schaumstoffummantelungen

können auch um Winkel herum ❾ geführt werden – dann müssen Sie allerdings den Innenwinkel herausschneiden. Dafür bietet der Hersteller sogar eine spezielle Gehrungslade an. Ist die Rohrisolierung abgeschlossen, so kann die richtige Armatur installiert und die Leitung verputzt werden.

Trinkwasserleitung aus Kunststoffrohren

Es gibt verschiedene für den Trinkwasserleitungsbau zugelassene und geprüfte (nur solche dürfen installiert werden) Rohrsysteme aus Kunststoff. Sie werden alle mit Schraub- bzw. Quetschfittings installiert, und es gibt für jedes System spezielle Übergangsstücke zu den Stahlrohr- oder den Kupferrohrleitungen.

Abb. 9

Abb. 10

Der große Vorteil von Kunststoffleitungen: Sie brauchen sich nicht um die Fließregel zu kümmern. Die Fließregel bedeutet, daß bei metallischen Wasserleitungen niemals ein Leitungsteil aus einem edleren Metall in Fließrichtung des Wassers vor einem Leitungsteil aus einem unedleren Metall installiert werden darf. Das gilt sowohl für die Rohre selbst als auch für die Verbindungs- und Anschlußstücke.
Die Ionen des edleren Metalls (in der Regel Kupfer) werden durch den Wasserstrom weitertransportiert und greifen das nachfolgende unedlere Metall an. Auch verzinktes Stahlrohr wird angegriffen.
Ein weiterer Vorteil von Kunststoffrohren ist die Biegefreundlichkeit, die aber nur flexible Kunststoffrohre bieten. Mit ihnen lassen sich wirkliche runde und damit sehr fließgünstige Richtungsänderungen legen. Starre Kunststoffrohre werden – ebenso wie die metallischen Leitungsrohre – mit Fittings verbunden.
Eine Besonderheit sind Kunststoffrohre, die mit einem speziellen Heizgerät verschweißt werden. Sie werden mit einer kräftigen Rohrschere oder in einer Gehrungslade mit der Metallsäge ❿ abgelängt und dann mit der Feile oder mit Schleifpapier entgratet.
Auf dem auf 240° C heißen Schmelzkolben werden Rohr

und Fitting zehn Sekunden lang angeschmolzen ⓫, dabei wird das Fitting ein wenig aufgeweitet. Jetzt werden beide Teile zusammengepaßt ⓬ und sind noch 5 Sekunden nachrichtbar.
Das Ergebnis ist eine Rohrleitung »wie gewachsen« – durch und durch aus einem Stück. Die Rohre sind für Kalt- und Warmwasser zugelassen und haben eine ausgezeichnete Isolierwirkung. Bei einer Austrittstemperatur von 55 ° C warmem Wasser wurden bei verschiedenen Rohren folgende Wärmeverluste gegenüber Kunststoffrohr gemessen:

- Isoliertes Kupferrohr hat 29,3 % mehr Wärmeverlust als Kunststoffrohr
- blankes Kupferrohr immerhin 124,0 %
- Eisenrohr 129,3 %.

Die Wärmeausdehnung ist bei Kunststoffrohren gering, es brauchen keine Dehnungsbögen gelegt zu werden.
Bei Ausbesserungsarbeiten oder Erweiterungen an bzw. von metallischen Trinkwasserversorgungsleitungen können Sie unbedenklich Kunststoffrohre zwischensetzen. Voraussetzung ist natürlich, daß bei den metallischen Leitungen die Fließregel eingehalten wird, durch Kunststoffrohre wird sie nämlich nicht unterbrochen. Entsprechende Fittings zum Übergang von Kunststoffrohren zu Kupfer- oder verzinkten Stahlrohren ⓭, auch von Kunststoffrohren unterschiedlicher Art untereinander gibt es in allen gebräuchlichen Dimensionen. Sie unterscheiden sich in der Funktion und Anwendung nicht von den im metallischen Rohrleitungsbau üblichen Schraub- und Quetschfittings.

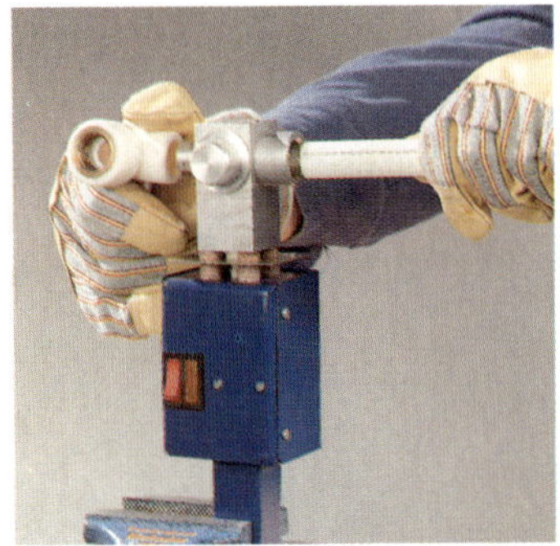
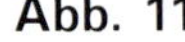

Abb. 11

Abb. 12

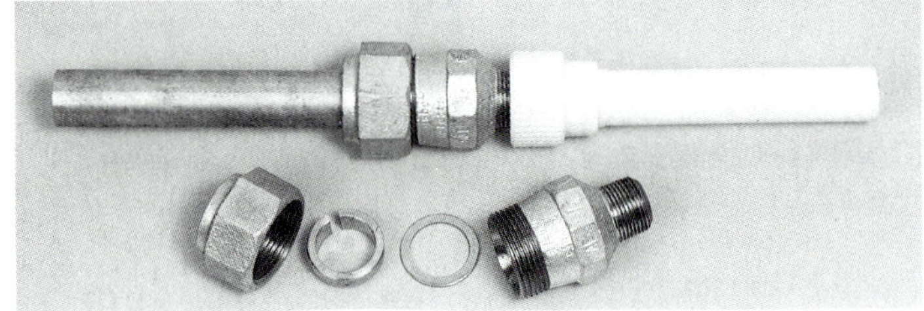

DIE VERBINDUNG VON EISEN AUF DURETTE-X-ROHR

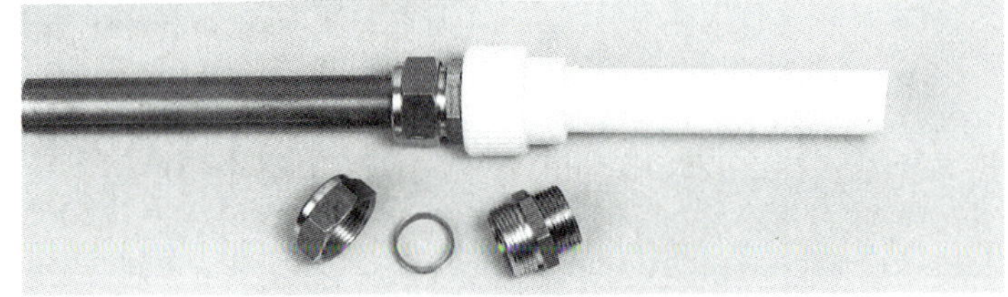

DIE VERBINDUNG VON KUPFER AUF DURETTE-X-ROHR

Abb. 13

Schallschutz

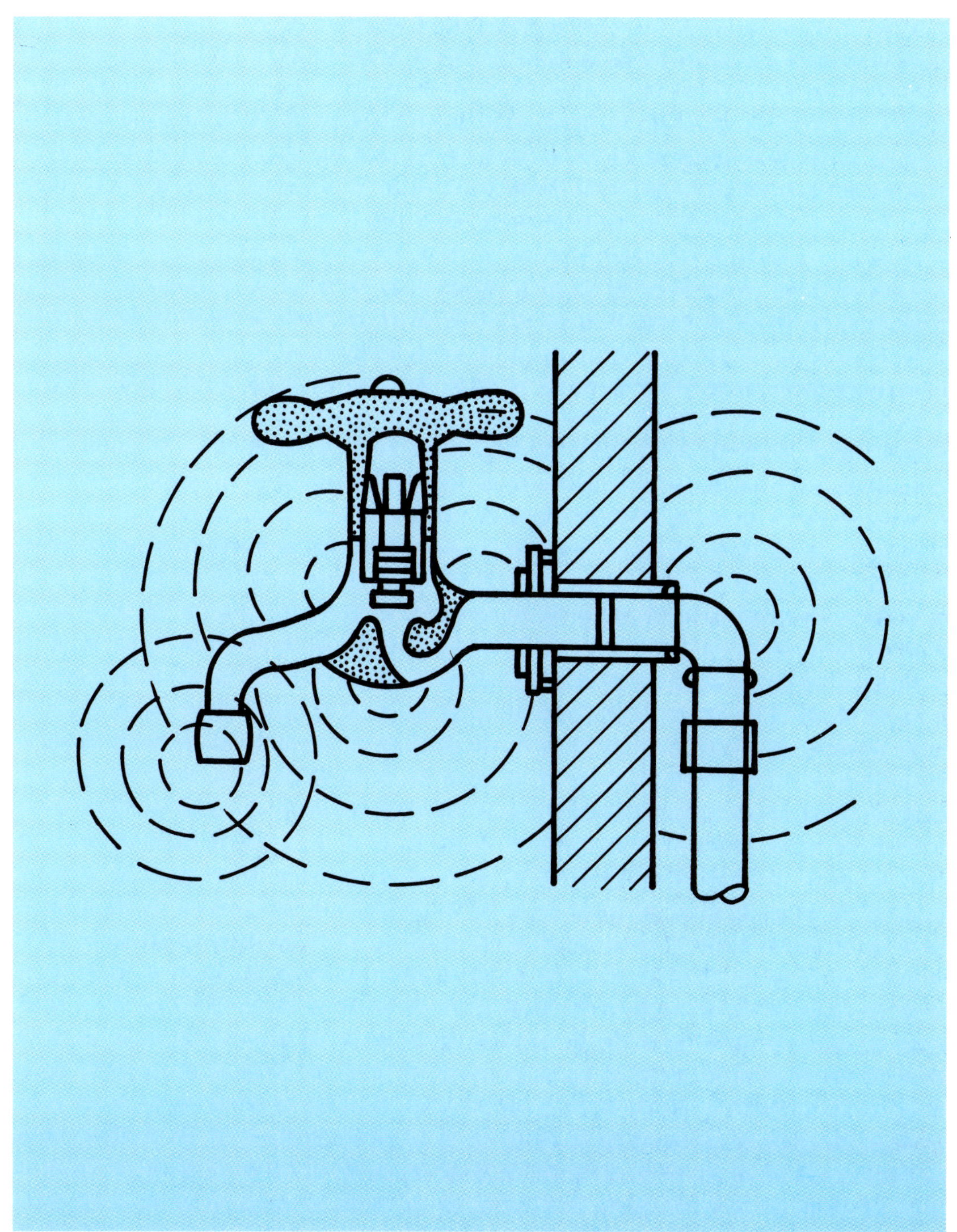

Geräuschquellen im Sanitärbereich

Geräusche, die im Zusammenhang mit der Wasserver- und -entsorgung entstehen, können als sehr störend empfunden werden – vom tropfenden Wasserhahn bis hin zur geräuschvollen Klosettspülung, die mitten in der Nacht donnernd durch alle Etagen eines Mietshauses rauscht.
Der Gesetzgeber »hat ein Ohr« für lärmgeplagte Bürger, und in der DIN 4109, die den Schallschutz im Hochbau zum Inhalt hat, sind alle Maßnahmen festgelegt, die das Entstehen von Schall und auch seine Übertragung in andere Räume verhindern sollen.
Die Geräuschquellen im Sanitärbereich sind im wesentlichen die Steigleitungen selbst sowie Wanddurchführungen, Armaturen, Druckleitungen, Anschlüsse, Sanitärapparate, Abflüsse und Anschlüsse von Abwasserleitungen.
Schall pflanzt sich im sanitären Bereich als Körperschall in Rohrleitungen aus Metall fort, in den Sanitärapparaten, die überwiegend aus Porzellan bestehen, sowie über die Schallträger Wasser und Luft. Körperschall selbst ist nicht hörbar, er bringt aber die Gegenstände, in denen er sich fortbewegt, zum Schwingen, und diese beginnen dann gegen Mauerwerk und/oder Träger und Befestigungen zu schlagen.
Es ist also immer mit entsprechenden konstruktiven Maßnahmen sowie geeigneten Dämmaterialien dafür zu sorgen, daß alle Installationen so eingebaut sind, daß kein Schall übertragen werden kann.

Bauliche Voraussetzungen für den Schallschutz

In der für alle Bundesländer verbindlichen Bauordnung nach DIN 4109 weist der Gesetzgeber bestimmte Räume als schutzwürdig aus. Im privaten Wohnbereich:

- Wohnräume (auch Arbeitszimmer)
- Kinderzimmer
- Schlafzimmer
- Wohndielen und Wohnküchen

Hier gilt für Armaturen und Geräte der Wasserinstallation eine höchstzulässige Belastung von 30 dB, das entspricht etwa dem Flüstern in einem Lesesaal.
Im Klartext bedeutet dies, daß z.B. die Klosettspülung in Ihrer Wohnung nur in dieser Lautstärke in der Nachbarwohnung zu hören sein darf, wenn z.B. das Schlafzimmer des Nachbarn oder ein anderer als schutzwürdig ausgewiesener Raum daran angrenzt.
Die Architekten lösen dies Problem bei Einzelhäusern dadurch, daß sie schallintensive Räume aneinandergrenzen lassen: Badezimmer neben Küche, die entsprechenden Installationen an der gemeinsamen Trennwand. So bleibt die Möglichkeit zur Schallausbreitung gering. Wände zu Flurgängen werden ebenfalls gern genutzt, auch sie mindern die Schallausbreitung.
In Mehrfamilienhäusern werden die Küchen und Bäder grundsätzlich so zusammengefaßt, daß sie dicht beinanderliegen und durch die Wohnungs- oder Hausflure bzw. Außenwände gegenüber den schutzwürdigen Räumen abgegrenzt sind.
Äußerst ungünstig ist die Installation einer Badewanne an der Außenwand zur Nachbarwohnung oder zum angrenzenden Reihenhaus und die Installation von Waschbecken und Klosett an der eigenen Wohnungs- bzw. Hausinnenwand zu einem Wohn- oder Schlafraum hin.
Wenn Sie ein zweites Badezimmer, eine Gästetoilette oder den zusätzlichen Einbau einer Dusche im bestehenden Badezimmer planen, legen Sie also alle Armaturen und Geräte der Wasserinstallation auf eine Wand – auch die zusätzliche Dusche.

Trinkwasserleitungen

Schon das Material, aus dem Trinkwasserleitungsrohre gefertigt sind, bietet beste Voraussetzungen für reichliche Lärmentfaltung: die Kupfer- oder Stahlrohre der Steigleitungen sind beste Resonanzkörper, nur leider sind

die Töne, die sie weiterleiten und verstärken, in den seltensten Fällen so melodisch wie z.B. die Töne der ja bekanntlich ebenfalls metallischen Orgelpfeifen.
Leitungen aus Kunststoff sind vom Material her und wegen ihrer großen Wanddicken keine guten Schallüberträger, hier dürfte es in dieser Hinsicht keine Probleme geben.
Die Geräuschquellen sind übrigens nicht die Leitungen selbst, sondern in der Regel sind es die an ihnen sitzenden Armaturen.

Richtige Wandbefestigung

Die Schwingungen in Trinkwasserrohren werden immer dort zu Geräuschen, wo zwei feste Stoffe aufeinandertreffen: bei Kontakt zwischen Rohrschelle und Leitung sowie Rohrschelle und Wand. So ist metallischer Kontakt und Mauerkontakt in jedem Falle zu vermeiden. Verwenden Sie also grundsätzlich Rohrschellen mit einer Einlage aus Gummi oder dauerelastischem Kunststoff ❶, und wählen Sie Schellen mit einem Profil, aus dem die Dämmeinlage nicht herausrutschen kann.
Bei der Wandbefestigung der Schellen dürfte es hier keine Probleme geben, weil die Schrauben ja in Dübel geschraubt werden, die normalerweise einen direkten Kontakt zwischen Metall und Mauerwerk nicht zulassen.
Wer sicher gehen will oder trotz aller anderen Maßnahmen noch Geräusche hört, legt eine Dämmscheibe zwischen Schraubkopf, Schelle und Mauerwerk.
Rohre können mit einzelnen Schellen ❷ oder auf einer Befestigungsschiene ❸ angebracht werden, sind sie auf der Wand verlegt, isoliert eine Box gegen Schall und Temperaturen, laufen sie in einem Installationsschacht, so wird dessen offene Seite verschlossen. In beiden Fällen ist jedoch für etwaige spätere Arbeiten eine Revisionsöffnung vorzusehen.

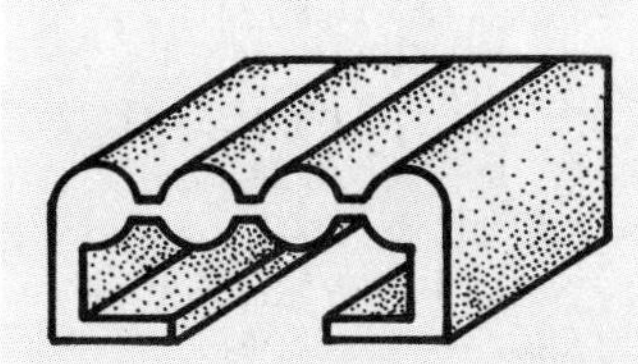
Abb. 1

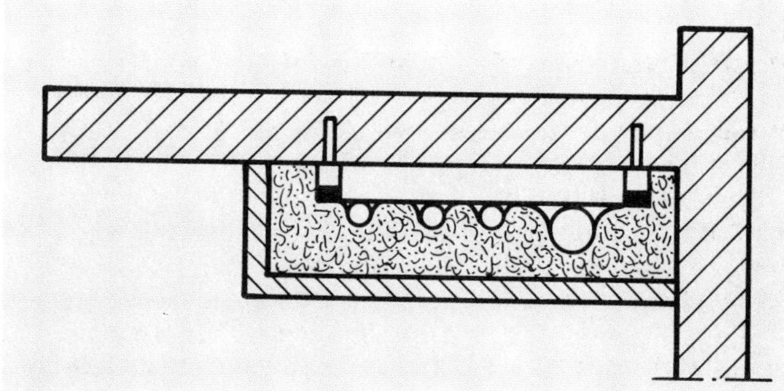
Abb. 3

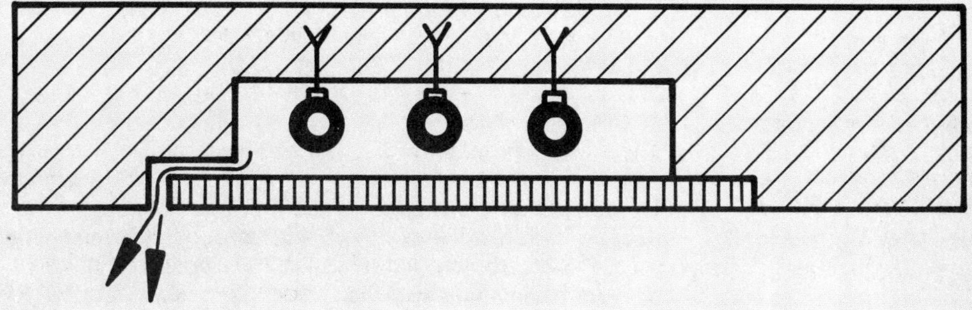
Abb. 2

Mauer- und Deckendurchführungen

Mauer- ❹ und Deckendurchführungen ❺ sind beim Schallschutz die kritischen Zonen. Die Durchführung erfolgt immer in einem Schutzrohr, das Leitungsrohr darin kann mit Dämmstoff umwickelt sein, dann werden die Enden mit dauerelastischem Kitt verschlossen. Durch PE-Rohre mit Gewinderillen werden die Leitungen in Filzringen geführt, Gummidichtungen, die mittels aufgeschraubter Rosetten gesichert sind, schließen schall- und wasserdicht ab ❻.

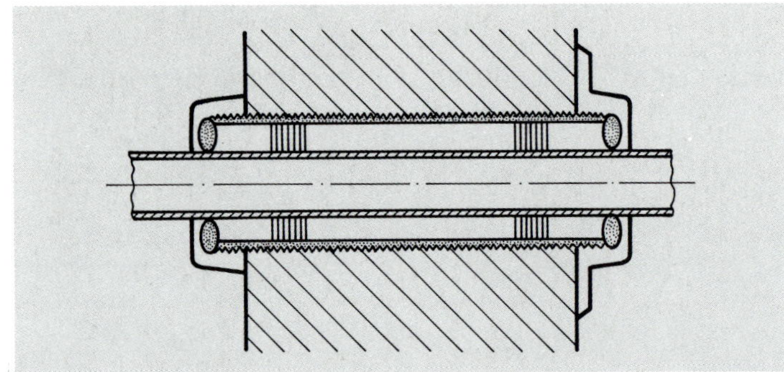

Abb. 6

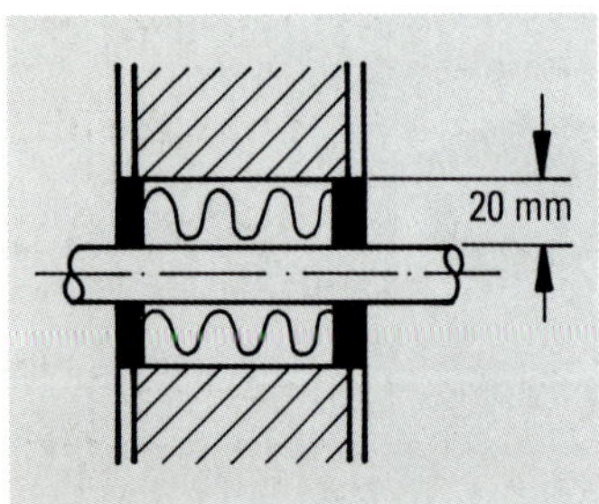

Abb. 4

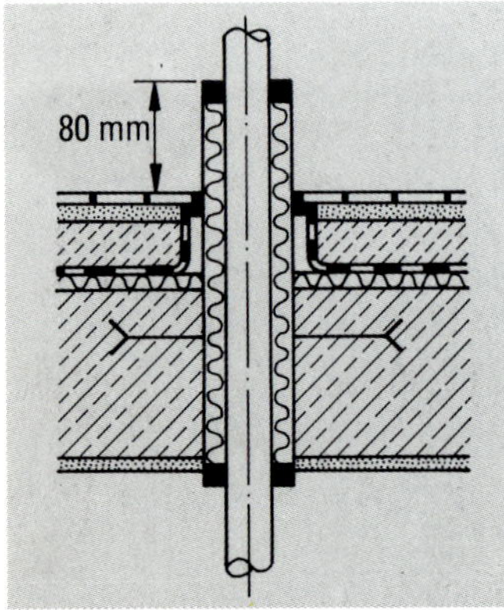

Abb. 5

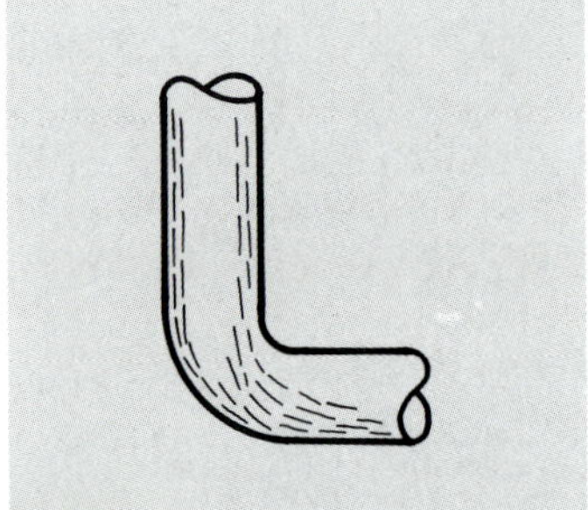

Abb. 7

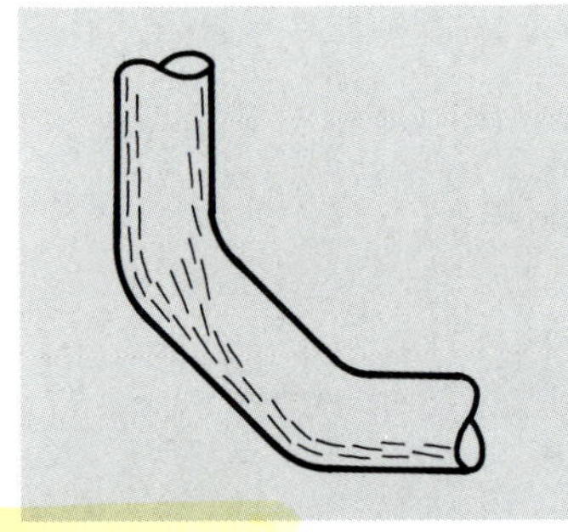

Abb. 8

Abwasserleitungen

Sieben Liter Wasser rauschen durchs Haus, wenn das WC gespült wird. Wenn diese Menge durch das Rohr fällt und anschließend an einer 90°-Umleitung voll aufschlägt, entstehen zusätzlich zu den Fallgeräuschen Aufprallgeräusche.

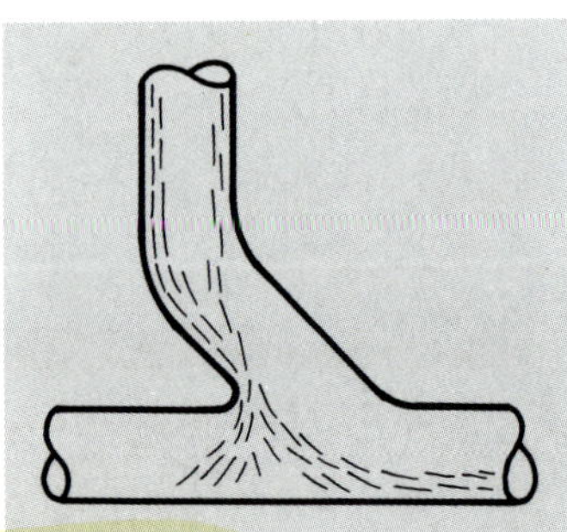

Abb. 9

Richtig umleiten

Schon beim Verlegen der Abwasserrohre gilt es, für möglichst strömungsgünstige Umleitungen zu sorgen. Rechtwinklige Umleitungen von 90° sind nicht zulässig ❼, ein solcher Richtungswechsel wird immer aus zwei 45°-Umlenkungen gebaut.

Im 90°-Winkel kann es zudem zum Stau und damit zur Nachsaugung oder zum Leersaugen der darüber befindlichen Geruchsverschlüssen kommen. Die zweimal 45°-Umlenkung verhindert das ❽. Über einem Anschluß soll das Rohr ebenfalls im 45°-Winkel zur Fließrichtung hin geführt werden ❾, dadurch vermindert sich das

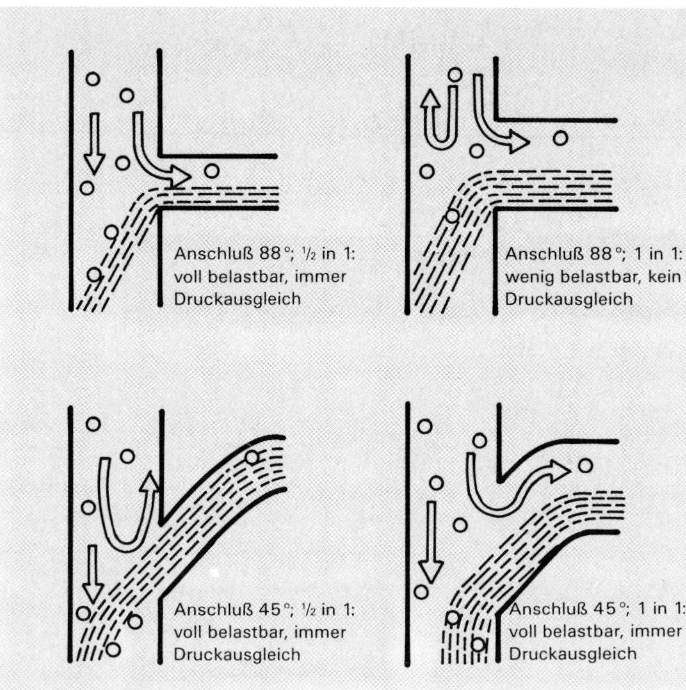

Abb. 10

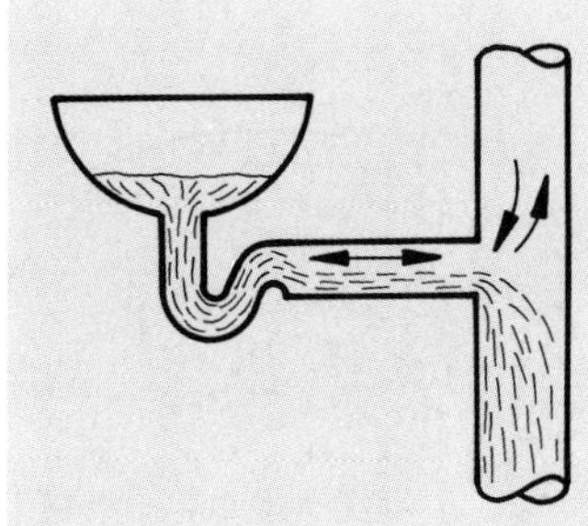

Abb. 11

Aufprallgeräusch erheblich. Auch Abwasserleitungen können eingeboxt werden, verlaufen sie in Installationsschächten, werden diese verschlossen. Selbstverständlich sind in beiden Fällen Revisionsöffnungen einzuplanen. Wandbefestigung und Rohrschellen sollen ebenso isoliert sein wie bei der Trinkwasserleitung.

Gurgelgeräusche vermeiden

Eine Vergrößerung des Rohrquerschnitts hinter einem Syphon vermeidet Gurgelgeräusche beim Schmutzwasserablauf und ein Leersaugen des Syphons. Ist der Rohrquerschnitt zu gering, kann aus dem Fallrohr keine Luft nachströmen, und der Syphon wird durch das abfließende Abwasser leergesogen. Wenn aus dem Fallrohr trotzdem etwas Luft nachströmen kann, kommt es zu Gurgelgeräuschen ❿.
Ein größerer Rohrquerschnitt hinter dem Syphon garantiert also eine einwandfreie Belüftung der Leitung und ebenso ein geräuscharmes und staufreies Abfließen.

Schall in Armaturen

Armaturen sind die eigentlichen Geräuschquellen im Trinkwasserleitungssystem, bei der Wasserzufuhr wie bei der Wasserentnahme.
Der Grund ist aber auch hier wieder in der Strömungsgeschwindigkeit des Wassers zu suchen, die ja durch Auf- und Zudrehen der jeweiligen Armaturen geregelt wird.
Die Hersteller von Armaturen sind gehalten, Strömungsquerschnitte und -verläufe in der Armatur konstruktiv so zu gestalten, so daß die Geräuschentwicklung bis auf ein unvermeidbares Maß reduziert ist. Dazu schreibt eine Prüfzeichenpflicht für Armaturen der Wasserinstallation vor, die in die Klassen I und II unterteilt ist:

- Klasse I bis zu 20 dB(A) = günstig
- Klasse II bis zu 30 dB(A) = ungünstig

Prüfungsgrundlage ist ein Fließdruck von 3 bar für Auslaufarmaturen und Durchgangsventile sowie 2,5 bar für Druckspüler mit DN 15 und DN 20. Armaturen der Klasse I können auch an Wänden zu den schutzwürdigen Wohn-, Schlaf- und Arbeitsräumen installiert werden, Armaturen der Klasse II an Trennwänden von Küche und Bad.
Auch nach dem Einbau muß das Prüfzeichen gut erkennbar sein. Die Prüfnummer enthält jeweils an ihrem Ende die Klassifizierung I oder II.

Armaturen dämmen

Geräusche entstehen immer dort, wo der Querschnitt sich verändert und der Wasserdurchfluß verwirbelt wird ⓬. Aus diesem Grunde ist das Entgraten und Kalibrieren von Rohrleitungszuschnitten so wichtig.
Ist der Wasserdruck zu hoch, kann vor der Armatur eine Stauscheibe eingelegt werden, die so wie ein Perlator die Strömungsgeschwindigkeit und somit das Geräusch mindert.
Beim Wandanschluß von Hahn oder Eckventil sorgt ein Geräuschdämpfer ⓭ für die entsprechende Schallminderung. Er besteht aus einer Gummiummantelung ⓮ und einer Gummischeibe ⓯, festgeschraubt an der Wand wird die ganze Einheit mit einer Überwurfscheibe ⓰ aus Plastik – der direkte Kontakt der Schrauben mit dem Ventil wird so zuverlässig vermieden.
Auslaufgeräusche am Ventilauslauf selbst können durch einen draufgeschraubten Perlator auf einfache Weise gemindert oder beseitigt werden.

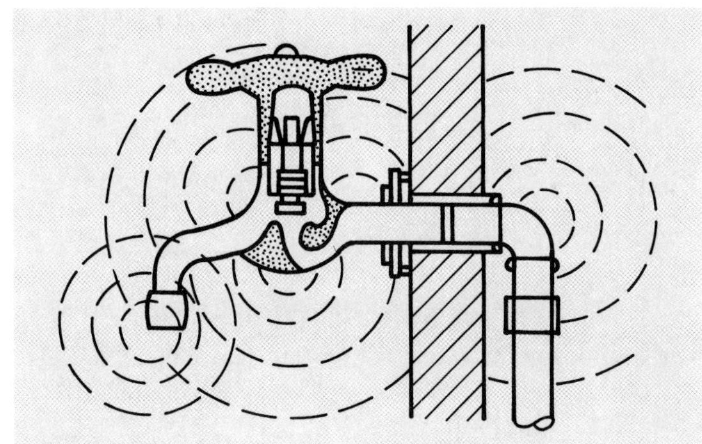

Abb. 12

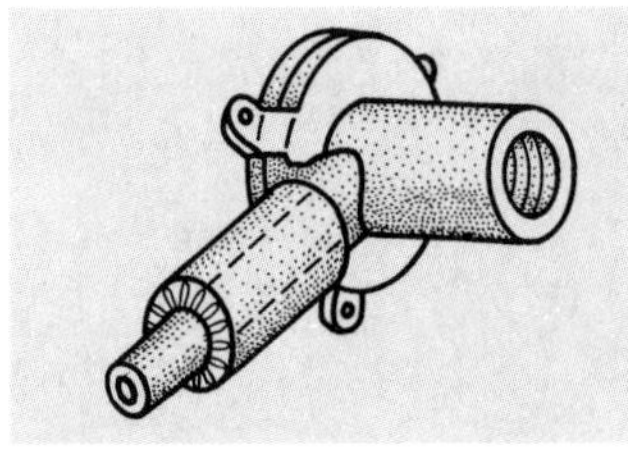

Abb. 13

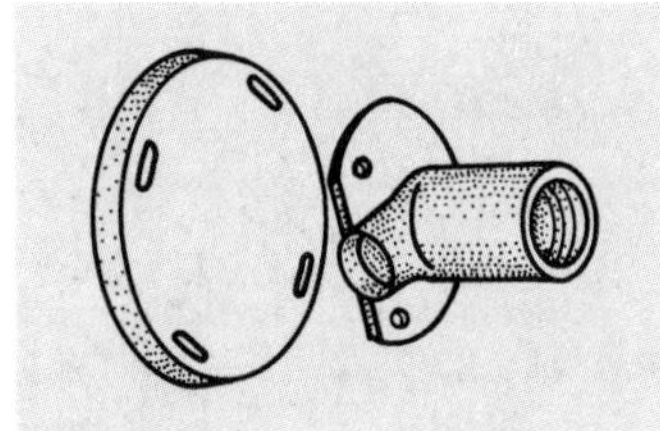

Abb. 15

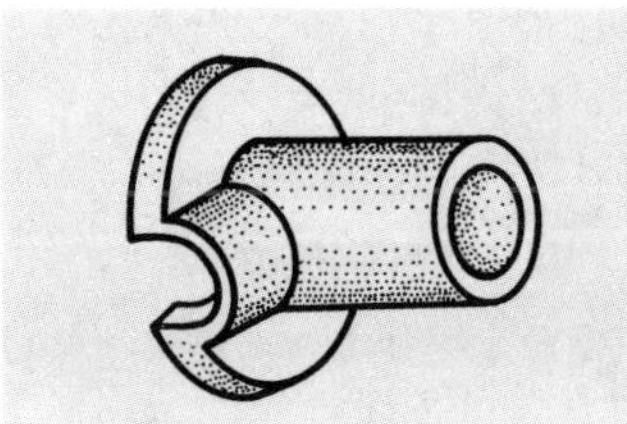

Abb. 14

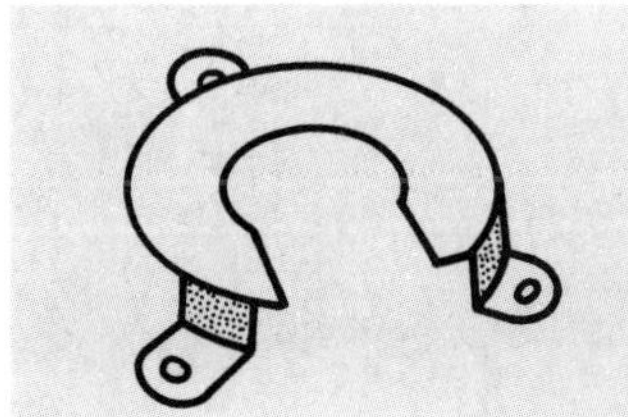

Abb. 16

Sanitärkörper

Wassereinlauf und Wasserauslauf bei Sanitäreinrichtungen wie Badewannen, Waschbecken usw. führen zu Schwingungen und dadurch auch zu Geräuschen. Durch geeignete Dämmaßnahmen an allen Verbindungsstellen und Aufstellpunkten vermeiden Sie eine übermäßige Geräuschbelästigung. Auf Wannenfüßen aufgestellte Badewannen sollen immer einen Dämmstreifen an der Wanne und auf dem Fußboden haben.
Das gilt auch für die Wandanschlüsse, wo Dämmstreifen, dauerplastische Massen und Dichtprofile zusammenwirken. Ein Wannenträger aus Hartschaum ist natürlich die allerbeste Schallisolierung.
Aufprallgeräusche beim Wassereinlauf vermeiden Sie durch die richtige Montage der Mischbatterie: Sie soll den Wasserstrom auf die Wannenwand richten und so für einen weichen Übergang sorgen, bei der Montage am Wannenende ist sie soweit seitlich zu plazieren, daß der Wasserstrahl nicht in den Abfluß laufen kann.

Die Küche

Die Küchenspüle

Die Küche ist der wichtigste Hausarbeitsraum. Sie soll den Bedürfnissen des Einzel- oder Mehrpersonenhaushalts entsprechend ausgestattet und organisiert sein, damit die für die Hausarbeit aufzuwendende Zeit gering bleibt.
Kernstücke der Kücheneinrichtung sind Herd und Spüle – wegen der arbeitsorganisatorischen Abhängigkeit dieser beiden Einrichtungen voneinander sollten sie auch so nah wie möglich zueinander plaziert sein.
Berücksichtigen Sie dabei den Arbeitsablauf, der normalerweise von rechts nach links geht: rechts der Herd, links anschließend dann eine Ablage für schmutziges Geschirr, danach die Spüle und eine Ablage zum Trocknen des Gerschirrs.
Für die Küchenspüle gibt es wegen der notwendigen Anschlüsse an Trink- und Abwasser keine großen Auswahlmöglichkeiten hinsichtlich des Aufbauortes. Sie muß dort installiert werden, wo sich die entsprechenden Anschlüsse befinden.
Die Anschlüsse für Warm- und Kaltwasser liegen für eine Doppelspüle in einer Höhe von 50–60 cm, der Anschluß für den Ausguß liegt in einer Höhe von 45–54 cm. Je weiter Sie sich vom Abfluß entfernen, desto mehr müssen Sie den Rohrquerschnitt beachten. Ein normaler Spülbeckenabfluß hat einen Durchmesser von 40 mm und weitet sich dann nach dem Siphon auf 50 mm Durchmesser.

Abb. 1

Werden außerdem Spülmaschine und Waschmaschine angeschlossen, und ist die Leitung Siphon-Wandabfluß dann über 2 m lang, sollte diese Abflußleitung den nächsthöheren Querschnitt von 70 mm haben, damit bei der Anzahl der Sanitäreinrichtungen und der Länge der Leitung ein einwandfreier Abfluß gewährleistet ist.
Die Höhe der Spüle richtet sich nach dem Benutzer – sie kann von 80–90 cm variieren. Ideal ist eine Höhe von 90 cm, dann können auch große Personen »kreuzschonend« daran arbeiten, für kleinere Personen sollte die Arbeitshöhe tiefer angesetzt werden.
Für die Oberschränke gilt, daß sie mit der Unterkante mindestens 60 cm über den Unterschränken angebracht werden und eine geringere Tiefe als die Unterschränke haben sollen.
Planen Sie zwischen Herd und Spüle eine Arbeitsplatte von mindestens 60 cm Breite ein, dieselbe Fläche sollte auch rechts der Spüle zur Verfügung stehen. Neben dem Herd links reicht eine

Abb. 2

Fläche von 30 cm zur anschließenden Wand aus.
Wenn immer möglich sollten Sie organische und feste Küchenabfälle trennen. Speziell Hausbesitzer können die organischen Abfälle dann auf den Kompost bringen und im Garten verwenden.
Die von uns eingebaute Spüle besitzt ein solches Abfalltrennsystem, bei dem die organischen Abfälle durch einen abdeckbaren Schacht direkt in den dafür vorgesehenen Eimer fallen ❶, die festen Abfälle wandern nach Öffnen der Tür in den dafür vorgesehenen Behälter ❷.

Abb. 1

Abb. 2

Abb. 3

Arbeitsplatte ausschneiden

Sie benötigen folgendes Werkzeug und Material:

- Zollstock
- rechter Winkel
- Anreißschiene
- Filzschreiber
- Bohrmaschine mit 10- oder 12-mm-Holzbohrer
- Stichsäge
- Kreppklebeband

Die Arbeitsschritte:

- Ausschnitt anreißen
- Ecklöcher bohren
- Schnittlinie abkleben
- Ausschnitt sägen
- Rand glätten, Schnittkante versiegeln
- Spüle einpassen

Der Ausschnitt für die Spüle muß sauber und paßgenau angefertigt werden – nur dann sitzt sie einwandfrei in der Arbeitsplatte. Grundvoraussetzung für ein gutes Ergebnis ist deshalb richtiges Messen.
Jeder Spüle liegt eine Einbauskizze bei, auf der auch die entsprechenden Maße für den Ausschnitt in der Arbeitsplatte vermerkt sind. Das kann eine Skizze oder – was die Arbeit natürlich vereinfacht – eine Einbauschablone im Maßstab 1:1 sein. Die Schablone wird einfach aufgelegt und ausgerichtet, dann reißen Sie die Umrisse an. Bei einer Einbauskizze wird sorgfältig gemessen und dann mit dem Filzschreiber angerissen ❶.
Beginnen Sie zunächst mit der Grundlinie. Sie liegt vorn und hat je nach Spülentyp einen Mindestabstand zur Türinnenkante – in unserem Falle sind es 20 mm. Diese Grundlinie ist die Basis für Seiten- und Wandlinien, die von ihr ausgehend mit dem rechten Winkel übertragen werden.
Sehr wichtig für den späteren Schnitt: Was Sie jetzt sehen, ist die Außenkante des Spülenausschnittes – sie muß auch nach dem Schnitt sichtbar bleiben!
Damit Sie mit der Stichsäge später besser die engen Kurven durchsägen können, bohren Sie mit dem 10- oder 12-mm-Holzbohrer in alle vier Eckpunkte die Wendelöcher ❷. Dann wird die Schnittlinie abgeklebt, und zwar so, daß das Klebeband von der Außenseite her genau die Schnittlinie überdeckt. Einen Schutz für die Grundplatte der Stichsäge auf der Ausschnittinnenseite brauchen Sie nicht, er wird ja ohnehin nicht mehr benötigt. Jetzt setzen Sie die Stichsäge in einem der Ecklöcher an und schneiden das Innenteil heraus ❸. Dabei ist es ratsam, den Ausschnitt abzustützen, damit er infolge seines Eigengewichts nicht vorzeitig herausbricht.
Wenn nötig, werden die Schnittflächen jetzt noch mit der Holzfeile geglättet, die Schnittkante der Beschichtung soll auf jeden Fall mit einer Eisenfeile (feiner Hieb) gebrochen (leicht angeschrägt) werden. Zu leicht könnte die Beschichtung sonst beim Einpassen der Spüle einreißen oder abspringen. Gegen später zwischenlaufende Feuchtigkeit schützt eine Versiegelung der Schnittkante mit Epoxydharz oder Siegellack.

Vormontieren der Ablaufgarnitur

Sie benötigen folgendes Werkzeug:
- Schraubendreher

Die Arbeitsschritte:
- Ventilunterteile mit Dichtung auflegen, von innen Ventiloberteil gegenhalten
- Mittelschraube anziehen
- Überlaufrohr einpassen und anziehen

Abb. 1

Weil es später zwischen Spülbecken und Wand eng werden kann, sollten Sie schon jetzt die Ventile unter den Spülbecken und das Überlaufrohr an der Beckenrückwand befestigen.
Die Überlaufgarnitur wird bereits vormontiert geliefert. Sie lösen zunächst das Verbindungsrohr (A) und nehmen dann das obere Ventilteil (B), das im Spülbecken sitzt, durch Lösen der zentralen Sicherungsschraube heraus (C).
Achtung, merken Sie sich, welche der beiden Dichtungen im (D) und welche unter dem Becken (E) angebracht wird, und positionieren Sie die Dichtungen richtig. Dabei kontrollieren Sie auch gleich, ob die Öffnung im Beckenboden glatt und sauber ist, ein eventueller Grat sollte vorher unbedingt entfernt werden.
Jetzt wird das obere Teil (B) von innen gegen das untere Teil (F) gehalten, beide Teile sauber ausgerichtet und die Mittelschraube angezogen. Dann wird die Mittelschraube (G), die in die Hülsenschraube greift (C), angezogen. Prüfen Sie über den Anlenkhebel der Bowdenzüge (H), ob sich die Ventile einwandfrei heben und senken. Justiert wird mit der zentralen Hülsenschraube.
Das Überlaufrohr (I) ist zweigeteilt und läßt sich so in der Höhe sehr genau durch Einschieben oder Herausziehen positionieren ❶. Die Schnittzeichnung ❷ verdeutlicht die genaue Lage aller Teile.
Bei dieser sehr komfortablen Ventilausführung befindet sich zwischen Ventiloberteil und Beckenboden eine Gummidichtung. Allgemein üblich ist hier – wie übrigens bei den Ablaufgarnituren für Waschbecken, Dusche und Badewanne auch – eine Dichtung mit Kitt.

Spüle montieren

Sie benötigen folgendes Werkzeug:
- Schraubendreher

Die Arbeitsschritte:
- Spüle probepassen
- Dichtungsmasse auftragen
- Spüle einsetzen
- Spannbügel festdrehen

Spülen sind groß, unhandlich und scharfkantig, wenn sie aus Edelstahl sind, oder schwer, wenn sie aus anderen dickeren Materialien bestehen. Sie sollten die Spüle also nicht allein einlegen, sondern sich um einen Helfer bemühen.

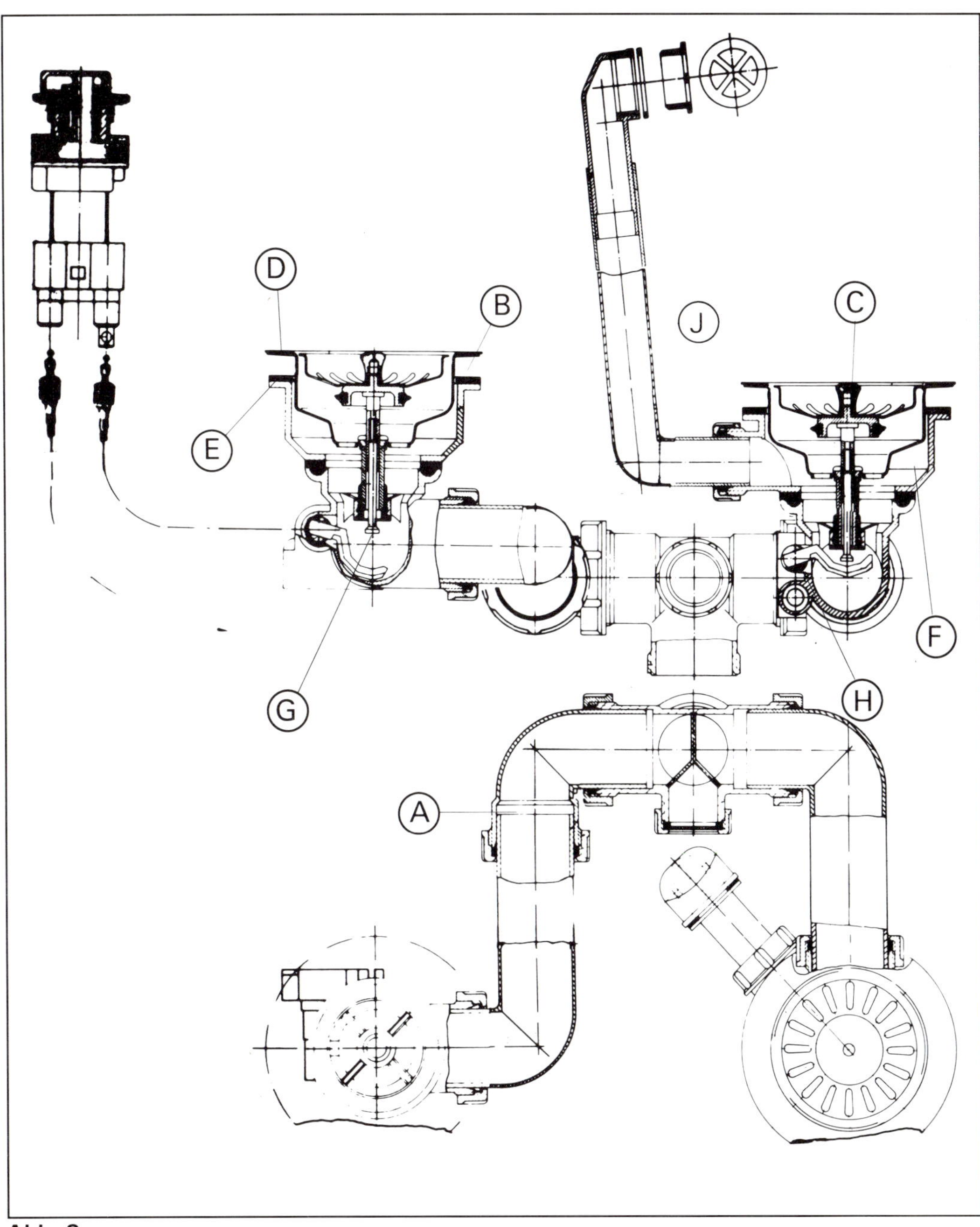

Abb. 2

Wenn die Probepassung gezeigt hat, daß die Ausschnitte stimmen und die Spüle auch gerade sitzt, wird sie wieder herausgenommen und umgedreht auf die Arbeitsplatte gelegt. Jetzt geben Sie die Dichtungsmasse aus der Kartusche an ❸. Achten Sie darauf, daß der Strang gleichmäßig dick wird und in der kleinen Rille im Spülenrand liegt. Für eine bessere Haftung sollten vorher die Kontaktzonen mit Terpentin oder Waschbenzin entfettet werden.
Die Spüle wird nun über den Ausschnitt gehoben und langsam abgesenkt ❹. Sie läßt sich jetzt noch – falls erforderlich – in die richtige Position schieben, darf aber nicht mehr herausgenommen werden. Sehr viel Bewegungsfreiheit haben Sie in dem engen Ausschnitt ohnehin nicht mehr.
Dann schwenken Sie die Befestigungsklammern herum und schrauben sie fest ❺. Hier ist es sehr wichtig, Spannungen im Material zu vermeiden – ähnlich wie beim Festziehen eines Zylinderkopfes.
Das Schraubschema zeigt die Zeichnung ❻: gehen Sie von 1 nach 2 und dann über die ganze Länge im Zickzack bis nach 10. So können Materialspannungen Linie um Linie zum Rand hin auswandern. Quer ist es dasselbe Prinzip: erst 11/12, dann 13/14. Austretendes Dichtungsmittel muß sofort entfernt werden.

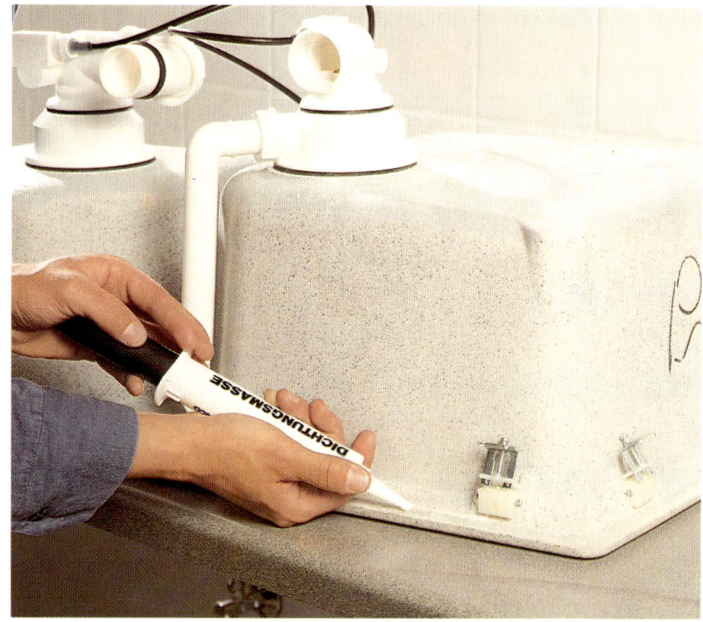

Abb. 3

Abb. 4

Abb. 5

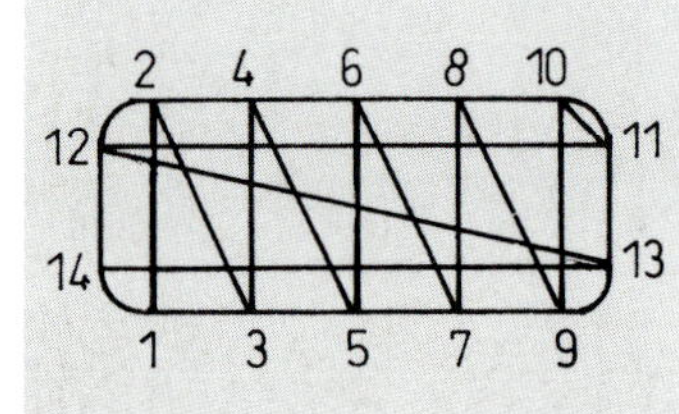

Abb. 6

Mischbatterie

Mischbatterien gibt es von ganz einfach bis zu superkomfortabel. Der früher übliche Standard war die einfache Auslaufbatterie mit Schwenkhahn ❶, die am Waschtisch selbst oder an der Spüle montiert wird. Die Befestigung am Waschtisch ist auch bei den heute üblichen modernen Mischbatterien (bis auf wenige Ausnahmen) immer noch ebenso. Die Batterie wird von oben durchgesteckt (Gummidichtung nicht vergessen), dann die Überwurfmutter von unten angezogen. Weil das in dem engen Raum zwischen Spüle und Wand wieder zu Problemen führen kann, benutzen Sie dafür den Standhahnschlüssel ❶, mit der umlenkbaren Klaue gelangen Sie in die engsten Räume.
Welchen Komfort moderne Mischbatterien bieten, zeigt die Schnittzeichnung der in unserer Küche eingebauten Batterie ❷, die übrigens passend zu der hier gezeigten Spüle entwickelt wurde. Sie hat Einhebel-Bedienung (A) für Mischfunktion und Strahlstärke, eine herausziehbare Gemüsedusche (B) und über die Bowdenzüge (C) lassen sich die Ablaufventile bedienen bzw. die Spül- und die Waschmaschinenventile oder alle diese Möglichkeiten kombiniert.

Die Batterie kann übrigens so montiert werden, daß der Bedienhebel links, rechts oder auf Mitte sitzt. Für den seitenverkehrten Anschluß lösen Sie die Abdeckkappe, nehmen Klemmstück sowie Hebel heraus und drehen den Steuerkolben (D) dann um 180°.

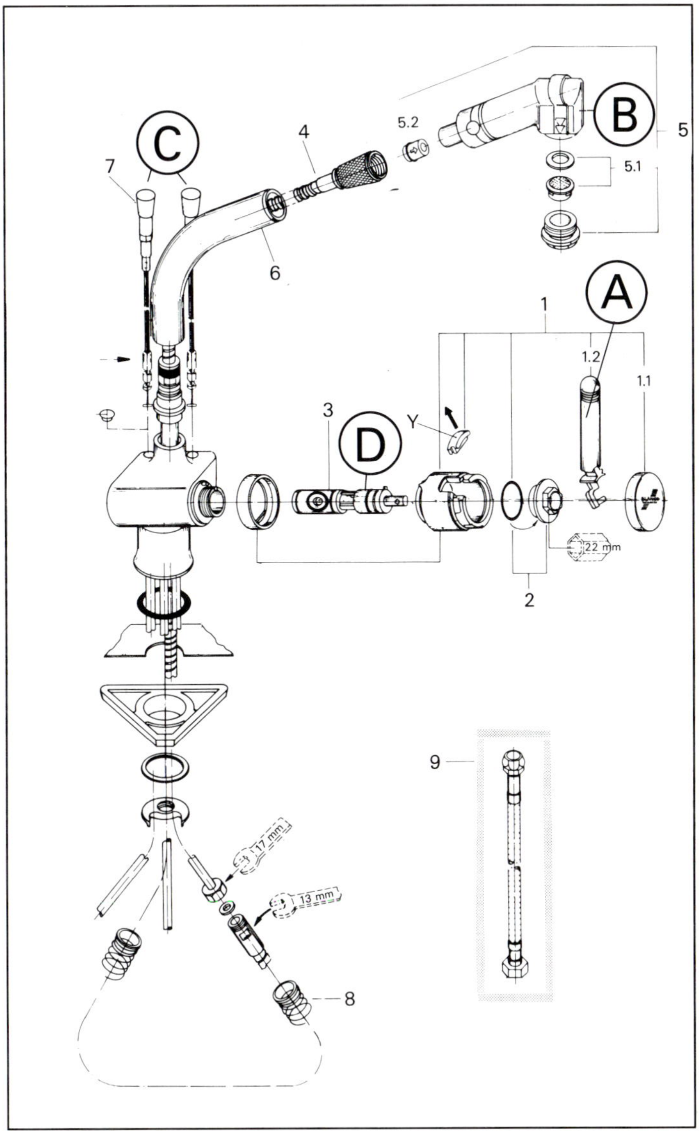

Abb. 1

Abb. 2

Mischbatterie montieren und anschließen

<u>Sie benötigen folgendes Werkzeug:</u>

- Spezial-Montageschlüssel
- 13- und 19-mm-Maulschlüssel

<u>Die Arbeitsschritte:</u>

- Absperrventil zudrehen und Leitung entwässern
- Eckventil eindrehen
- Batterie einsetzen und festdrehen
- Leitung durchspülen
- Rohre biegen
- Batterie anschließen

Achtung!
Bevor Sie mit der Installation beginnen, drehen Sie das nächsterreichbare Absperrventil zu, und entwässern Sie die Leitung bis zu der geplanten Entnahmestelle.
Überprüfen Sie die Anschlüsse für Kalt- und Warmwasser – nach ihrer Position richtet sich die Plazierung der Spüle: zu weit entfernt von den Wandanschlüssen sollte sie nicht installiert werden und – das ist äußerst wichtig – die Eckventile sollen jederzeit erreichbar sein, damit sie jederzeit zugedreht werden können.
Überzeugen Sie sich vor Beginn der Arbeit, ob die Eckventile der Garnitur beiliegen, wenn nicht, müssen Sie welche besorgen. Dann wählen Sie Eckventile mit bereits umwickelter Kittschnur, die sind nur noch einfach einzudrehen, nachdem Sie die Blindstopfen entfernt haben.
Von der Armatur wird zunächst nur das Unterteil mit den sogenannten Leitungsrohren voran durch das Montageloch gesteckt ❶, dann ziehen Sie das Befestigungsrohr mit dem beigefügten Drehknopfschlüssel rechts herum an ❷. Zwischen Batteriesockel und Spüle bzw. Arbeitsplatte dürfen Sie den O-Ring nicht vergessen. Von unten werden (in dieser Reihenfolge) dreieckige Stabilisierungsplatte, Distanzscheibe und Mutter aufgesteckt.
Bevor Sie jetzt die Armatur anschließen, ist es ratsam, die Leitungen für Kalt- und Warmwasser nochmals gründlich durchzuspülen – eventuell noch vorhandener Montageschmutz könnte sonst in die Batterie gelangen und sie beschädigen.
Dazu klemmen Sie einfach ein gebogenes Kupferrohr an das jeweilige Eckventil ❸ und leiten das Spülwasser direkt in den Ausguß, auf den Sie extra für diesen Zweck provisorisch ein Knie gesteckt haben.
Jetzt werden die Anschlußrohre vorsichtig von Hand hingebogen und an die Eck-

Abb. 1

Abb. 2

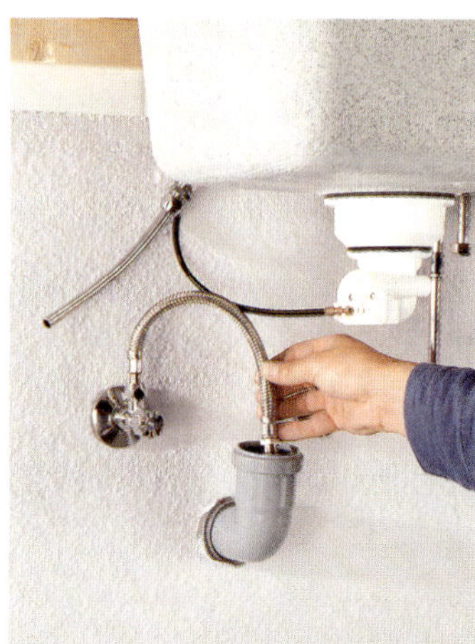
Abb. 3

Abb. 4

Abb. 5

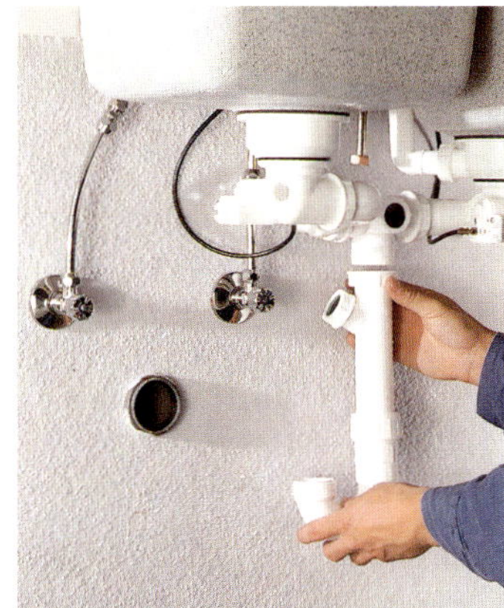
Abb. 7

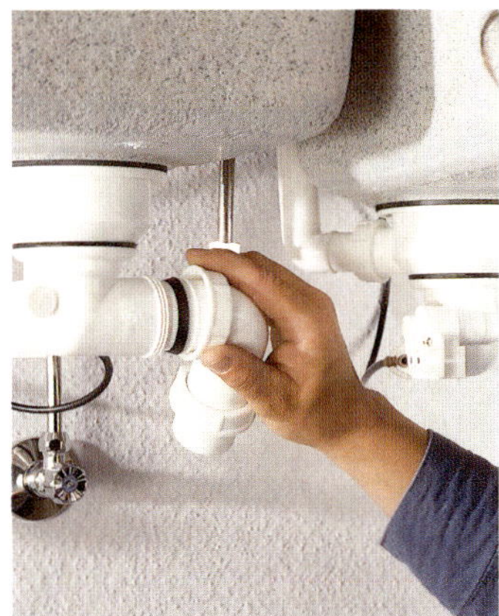
Abb. 6

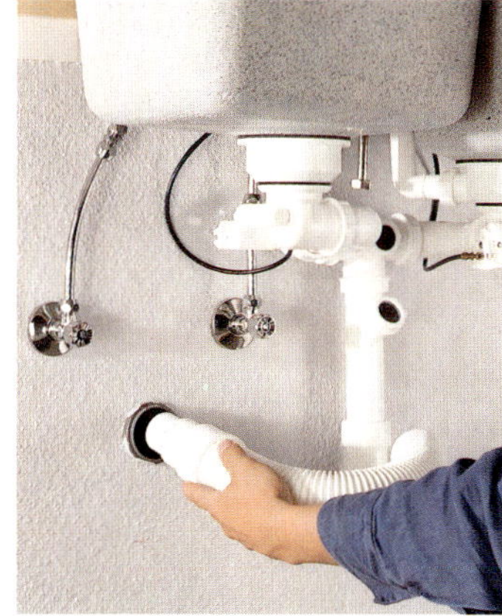
Abb. 8

ventile angeschlossen. In unserem Falle sind die Anschlüsse so weit entfernt, daß die Rohre durch ein Zwischenstück verlängert werden mußten ❹.
Es kann auch Situationen geben, in denen die standardmäßig vorhandenen Rohre an der Armatur verkürzt werden müssen. Grundsätzlich ist zu sagen, daß immer der kürzeste Weg mit möglichst flachen Bögen gewählt werden sollte. Ganz zum Schluß schließen Sie die Rohre an die Eckventile ❺ an.

Abfluß anschließen

Sie benötigen kein Werkzeug:
- die Überwurfmuttern werden mit der Hand hinreichend angezogen

Die Arbeitsschritte:
- Verbindungsrohr zwischensetzen
- Siphon montieren
- Siphon an den Abfluß anschließen

Die Abflußventile selbst wurden ja bereits vormontiert, weil speziell der Beckenüberlauf in dem engen Raum zwischen Becken und Wand schwierig zu handhaben ist. Das mag bei anderen Spülen einfacher sein, sie bieten aber nicht soviel Komfort. Wichtig ist, auf richtigen Sitz der konischen Dichtungen ❻ der Rohranschlüsse zu achten, sie werden mit der dünnen Lippe zum Rohrende hin aufgesteckt. So können sie sich fest eindrücken, wenn die Überwurfmutter angezogen wird. Bauen Sie jedoch zunächst alle Teile locker zusammen, und ziehen Sie die Überwurfmuttern erst fest, wenn Sie alles sauber ausgerichtet haben. Es folgt das Fallrohr des Siphons ❼ mit den Anschlüssen für Waschmaschinen und Spülmaschinen und mit dem U-Bogen. Hier sollten Sie sich schon darüber klar sein, von welcher Seite die Maschinenabflüsse angeschlossen werden, damit Sie die Blindstutzen auch nach dorthin ausrichten können. Der Faltenschlauch für den Abflußanschluß ❽ ist äußerst praktisch, er erspart Ihnen komplizierte »Bastelarbeiten« mit festen Winkelstücken und Umleitungen, hat aber auch einen Nachteil: er wird immer ein wenig flexibel sein und wenn z.B. die Waschmaschine abpumpt, könnte er sich aus dem Wandanschluß lösen (wenn es sich beispielsweise um einen alten, nicht maßhaltigen und aufgeweiteten Bleianschluß in einem Altbau handelt). Hier muß mit dauerplastischem Kitt zuverlässig abgedichtet werden.

Spül- und Waschmaschine anschließen

Beim Anschluß von Geschirrspülmaschinen und Waschmaschinen an die Trinkwasserleitung gibt es eigentlich in den seltensten Fällen Schwierigkeiten, weil bei den im Trinkwasserbereich üblichen 10-mm-Eckventilanschlüssen eine Druckminderung auch dann nicht zu erwarten ist, wenn Geschirrspüler und Küchenarmatur zufällig gleichzeitig Wasser ziehen sollten.
Geschirrspüler werden direkt am Ort des Geschehens, nämlich in der Küche und dort immer in der Nähe der Trinkwasser- und Abwasseranschlüsse angeschlossen.
Für die Installation einer Waschmaschine ist erfahrungsgemäß ein separater Raum optimal.
Die früher übliche Aufstellung der Waschmaschine in der Küche aber auch im Badezimmer sollte man – wenn z.B. ein entsprechend nutzbarer Raum oder ein richtiger Hausarbeitsraum zur Verfügung steht – vermeiden (Lärmbelästigung). Schmutz, Staub und Wäschefusseln sind zumindest in der Küche ein Störfaktor hinsichtlich der wegen der Essenszubereitung dort notwendigen Hygiene.
Der allgemein übliche Anschluß für den Geschirrspüler wird mit einem T-Stück von der Spülenarmatur abgezweigt und zu einem separaten Absperrventil mit Rückflußverhinderer geführt ❶. Daran wird der Druckwasserschlauch des Geschirrspülers angeschlossen.
Für den Anschluß eines Geschirrspülers an einen separaten Wasserhahn ❷, aber auch für den Waschmaschinenanschluß im Keller sowie für den Gartenschlauch am Außenwasserhahn gilt, daß der Hahn ein Rückschlagventil und einen Rohrbelüfter haben soll. Zudem soll der Rohrbelüfter mindestens 150 mm über dem höchstmöglichen Nichttrinkwasserspiegel installiert sein. Ein Anschlußschlauch mit zusätzlichem Druckfallventil ❷ bietet mehr Sicherheit, falls der Schlauch einmal platzen oder sich vom Gerät lösen sollte.
Echten Bedienkomfort bietet ein Spülmaschinen-Waschmaschinen-Ventil, das über einen Bowdenzug an die Spültischbatterie angeschlossen werden kann ❸. Das Ventil öffnet und schließt sich magnetisch, hat einen automatischen Wasserstop und einen Rückflußverhinderer. Beim Anschluß ist auf die Fließrichtung zu achten, sie ist durch einen entsprechenden Pfeilaufkleber gekennzeichnet.

Abb. 1

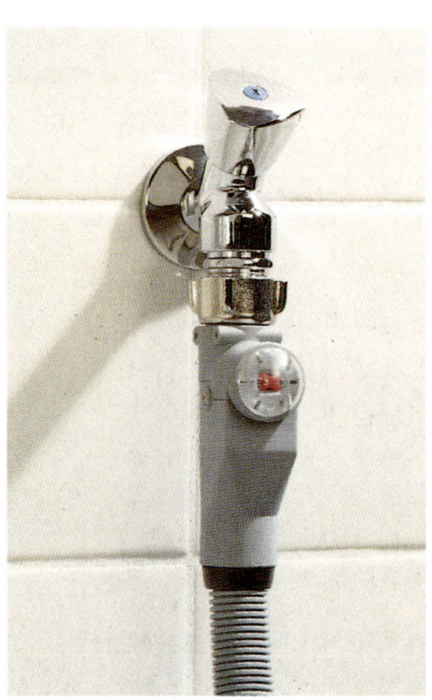

Abb. 2

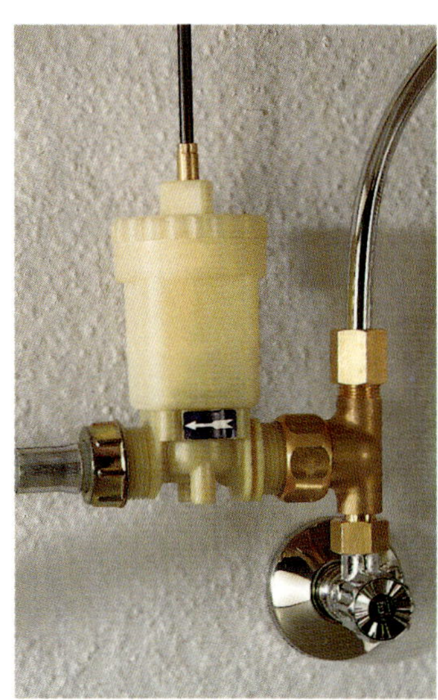

Abb. 3

Siphonsysteme

Geruchsverschlüsse sollen das Austreten von Kanalausdünstungen aus Entwässerungsleitungen verhindern. Das geschieht zuverlässig durch den U-Bogen in der Konstruktion, in dem immer eine gewisse Menge Restwasser stehenbleibt. Dabei handelt es sich jedoch stets um frisches Wasser, weil ja das Schmutzwasser vorher durch das Fallgewicht des nachlaufenden Spülwassers durch den Bogen gespült wurde.
Geruchsverschlüsse ❶ gibt es in den verschiedensten Ausführungen, Formen und Dimensionen aus Kunststoff oder aus Metall.
Als Grundregel kann gelten, daß dort, wo sie sichtbar sind – also beispielsweise unter einem Waschbecken – die schöneren verchromten Ausführungen gewählt werden sollten, ansonsten reichen die Kunststoffmodelle vollkommen aus.
Neben der allgemein üblichen U-Bogen- Ausführung gibt es noch die Flaschenverschlüsse. Hier führt ein Tauchrohr vom Durchmesser des Beckenanschlusses bis fast auf den Boden des beinahe doppelt so dicken Flaschenrohres, vom oberen Ende des Flaschenrohrs wird der Abfluß weitergeleitet.
Der Vorteil der Flaschenverschlüsse: Zum Reinigen brauchen Sie nur das untere Flaschenstück abzuschrauben und den dort angesammelten Schmutz zu entleeren. Wenn Sie den U-Verschluß reinigen wollen, dann müssen Sie zuerst beide Überwurfmuttern lösen, dann können Sie den U-Bogen entfernen. Selbstverständlich soll vor Lösen der Verschlüsse ein Eimer untergestellt werden, der das Schmutzwasser auffängt.

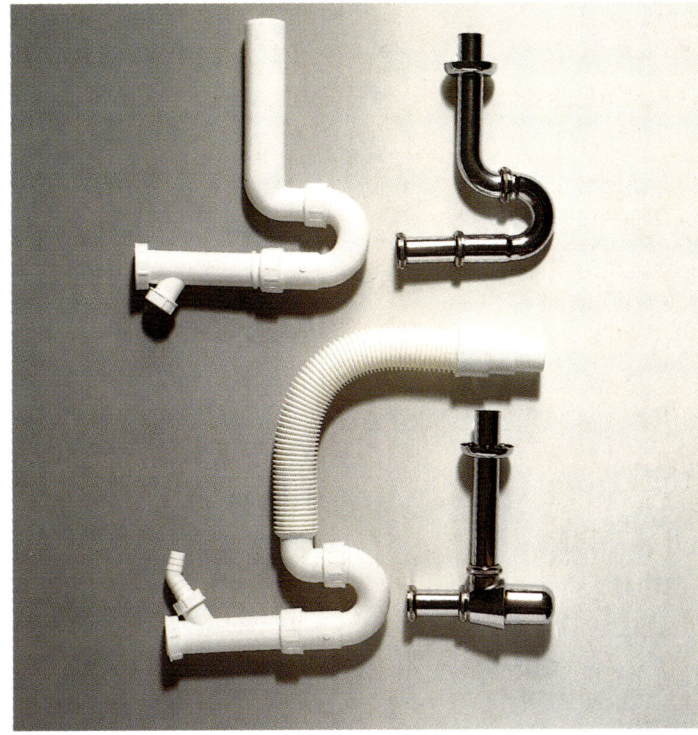

Abb. 1

Spül- oder Waschmaschinenabfluß an den Siphon anschließen

Für den Anschluß von Haushaltsmaschinen können die Siphone schon vorbereitet sein – dann haben Sie entsprechende Einlaufstutzen, die immer oberhalb des U-Bogens positioniert sind. Fehlen die Einlaufstutzen, setzen Sie ein entsprechendes Abzweigstück ein. Das muß dann auch über dem U-Bogen sitzen, sonst wird das Restwasser im Siphon abgesogen, wenn die Hausmaschine das Schmutzwasser in die Abwasserleitung abpumpt.
Der Abwasserschlauch des jeweiligen Haushaltsgerätes soll in einem Bogen so an den Siphon herangeführt werden, daß er immer über dem Niveau des höchsten Schmutzwasserstandes im Siphoneinlauf sitzt. Nur so ist gewährleistet, daß es nicht zu einer Rücksaugung und damit zu einer Verunreinigung des gesamten Trinkwassersystems kommt.

Das Bad

Der Waschtisch

Planungsgrundlagen

Der Waschtisch ist die am meisten genutzte Sanitäreinrichtung im Haushalt. Hände waschen, Zähne putzen, sich rasieren, schminken, kämmen – alles findet hier statt. Aus diesem Grund soll er nicht nur genügend Bewegungsraum bieten, sondern auch die zur täglichen Körperpflege notwendigen Dinge, Kosmetika, Handtücher usw. sollten in seiner unmittelbaren Nähe griffbereit untergebracht sein.

Es ist gewiß ratsam, in einem Mehrpersonenhaushalt zwei Waschtische oder eventuell einen Doppelwaschtisch vorzusehen.

Sind kleine Kinder im Haus, ermöglichen Sie ihnen durch einen entsprechend hohen, rutsch- und kippsicheren Tritt die Benutzung des Waschtisches. Extra für Kinder einen tiefer angeordneten Waschtisch zu installieren lohnt sich im privaten Haushalt nicht, da die Kinder ja schnell wachsen.

Eine kleine Spiegelkachel, in Augenhöhe mit doppelseitigem Klebeband auf den Kacheln angebracht, bietet den Kleinen die Möglichkeit zur Kontrolle der wirklich blitzsauber geputzten Zähnchen.

Die optimalen Montagemaße sind:

Höhe Oberkante Waschtisch für:

- Erwachsene 82–86 cm
- Senioren 80–82 cm

Mindestbewegungsfläche um einen Waschtisch, Breite 53 cm, nach DIN 1386

- in der Breite 90 cm
- davor (ab Vorderkante) 60 cm

Diese Maße ❶ sollten nach Möglichkeit nicht unterschritten werden, größere Abstän-

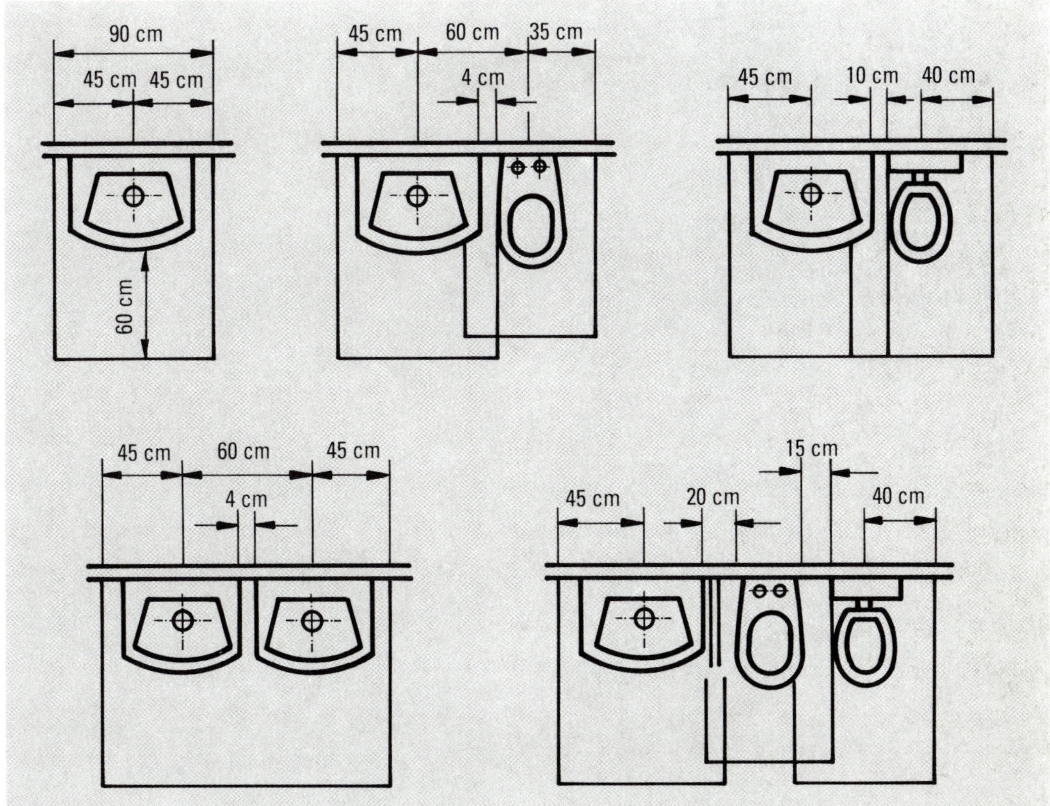

Abb. 1

de sorgen selbstverständlich für mehr Bequemlichkeit. Auch zu den angrenzenden Sanitäreinrichtungen gibt es Mindestabstände. Wichtig sind hier die Zwischenräume, oft weichen die Einrichtungsgegenstände in den Abmessungen gegenüber den auf der Zeichnung dargestellten Normmaßen ab. Günstig ist in jedem Falle die Installation an einer Wand, speziell in schmalen Räumen ist von einer Montage an gegenüberliegenden Wänden abzuraten.

Stockschrauben befestigen

<u>Sie benötigen folgendes Werkzeug:</u>
- Bohrmaschine mit Steinbohrer 14 mm
- Stockschraubenschlüssel
- Maulschlüssel 13 mm

<u>Die Arbeitsschritte:</u>
- Bohrposition anreißen
- Dübellöcher setzen
- Stockschrauben setzen

Ausgehend von der Mitte zwischen den Eckventilen setzen Sie mit Hilfe einer Wasserwaage die Bohrlöcher ❶ für die Stockschrauben ❷. Diese Schrauben haben an einem Ende ein Holzgewinde, das in den Wanddübel eingedreht wird, und am entgegengesetzten Ende ein metrisches Metallgewinde für die Mutter, mit der der Waschtisch festgeschraubt wird.
In die Wand eingedreht werden sie mit einem speziellen Stockschraubenschlüssel.

Abb. 1

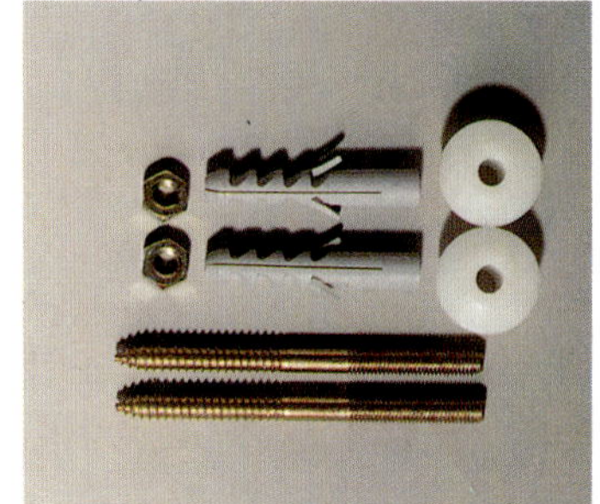
Abb. 2

Abb. 3

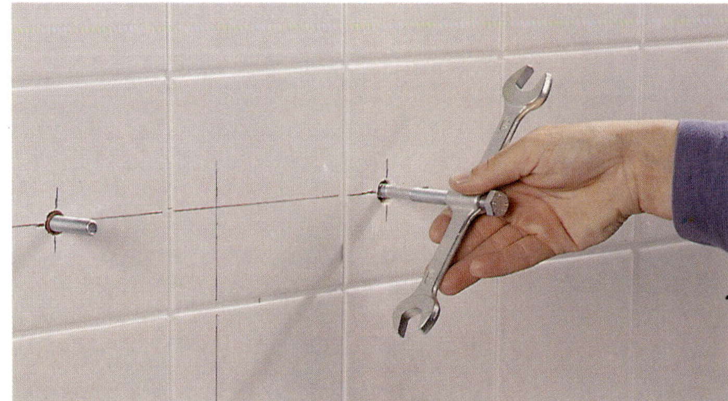
Abb. 4

Dazu drehen Sie das metrische Gewinde der Stockschraube in den Mittelschaft des Stockschraubenschlüssels und sichern dann mit dem Schraubbolzen ❸.

Jetzt sitzt die Schraube fest und kann in den Wanddübel eingedreht werden ❹. Danach wird der Schraubbolzen gelöst und der Stockschraubenschlüssel entfernt.

Becken montieren und Wasser anschließen

Sie benötigen folgendes Werkzeug und Material:
- Spritzpistole mit Silikonkartusche
- Maulschlüssel 17 mm
- Maulschlüssel 13 mm

Die Arbeitsschritte:
- Silikon aufbringen
- Becken montieren
- Wasseranschlüsse herstellen

Die Montage des Beckens wird erleichtert, wenn Sie den Wasserhahn oder die Mischbatterie schon vor der Wandmontage an den Waschtisch schrauben – andernfalls hätten Sie später Schwierigkeiten, in den engen Raum zwischen Beckenhinterkante und Wand zu gelangen.
Ein Strang Silikondichtungsmasse auf der Beckenrückwand ❺ bringt doppelten Nutzen: Das Becken wird durch den Kleber zusätzlich gesichert, außerdem können Feuchtigkeit und Schmutz nicht in den Spalt zwischen Becken und Wand gelangen.
Das Becken wird jetzt auf die Stockschrauben geschoben ❻, in der Höhe kann es nicht mehr ausgerichtet werden, wohl aber um 1 – 2 cm in der Breite. Schieben Sie es aber nicht zu oft hin und her, weil sonst das Silikonklebebett zu dünn wird, und weder gute Haftung noch Dichtigkeit garantiert sind.
Während Sie jetzt den Waschtisch halten, zieht ein Helfer die Stockschraubenmuttern an.
Für den Anschluß an die Eckventile werden die Kupferrohre der Armatur vorsichtig von Hand hingebogen ❼. Es kann erforderlich sein, die Rohre zu kürzen oder zu verlängern. Wenn Sie kürzen müssen, vermeiden Sie auf jeden Fall den Einsatz einer Metallsäge, auch wenn Ihnen im ersten Moment der Platz für einen Rohrschneider zu beengt scheint.
Besser ist es, die Länge und Form vorher mit einem Draht abzunehmen und dann das Rohr an entsprechender Stelle mit einem Filzschreiber zu markieren. Jetzt können Sie das Rohr so weit nach vorn biegen, daß sich der Rohrschneider ansetzen läßt. Geht das nicht, ist es ratsam, die Armatur abzuschrauben und das Rohr dann einzukürzen. Beim Sägeschnitt können trotz sorgfältiger Arbeit immer Späne in die teure Armatur gelangen und sie zerstören.
Der Anschluß an die Eckventile erfolgt in der gleichen Art wie das Zwischensetzen von Verlängerungen mit Quetschverbindern.

Abb. 5

Abb. 6

Abb. 7

Abwasseranschluß

Sie benötigen folgendes Werkzeug und Material:

- Schraubendreher
- Siphonzange
- Dichtungskitt

Die Arbeitsschritte:

- abdichten
- Ablaufventil einsetzen
- Siphon montieren

Im Boden des Waschbeckens befindet sich die Öffnung für das Ablaufventil. Direkt in den Ablauf mündet von hinten der in den meisten Becken eingegossene Überlaufkanal.
Ventilkelch (er liegt im Becken) und Ventilunterteil (es wird unter dem Beckenauslauf montiert) werden durch eine Schraube verbunden und gehalten. Während zwischen Ventilunterteil und Beckenauslauf eine Gummidichtung sitzt, muß der Ventilkelch mit einer Kittschnur abgedichtet werden. Formen Sie diese Kittschnur ringförmig ❶, sie sollte nicht zu dick sein. Dann den Ventilkelch von oben, den Ventilboden von unten ansetzen und die Verbindungsschraube fest anziehen.
Unter einem Waschtisch sollte immer ein verchromter Siphon installiert werden, weil er schöner aussieht als einer aus Kunststoff.
Führen Sie zunächst den Siphon in den Wandablauf, und heben Sie ihn dann unter das Ventilunterteil ❷. Dann drehen Sie die Schraubhülse am Siphonrohr mit der Hand auf das Ventilunterteil und ziehen – wenn es nötig ist – fest mit der Siphonzange an ❸. Die Plastikschläuche auf den Zangenbacken schützen die empfindliche Chromhaut vor den aggressiven Zangenzähnen. Oft muß der Siphon für die paßgenaue Montage gekürzt werden. Damit Sie dabei das dünne, feine Metall nicht verbiegen, sollten Sie sehr vorsichtig mit der Metallsäge zu Werke gehen und ein mit umwickeltem Papier passend gemachtes Rundholz einlegen. Die scharfen Ränder sind sorgfältig wegzufeilen, sonst können Sie sich bei späteren Reinigungsarbeiten verletzen.

Abb. 1

Abb. 2

Abb. 3

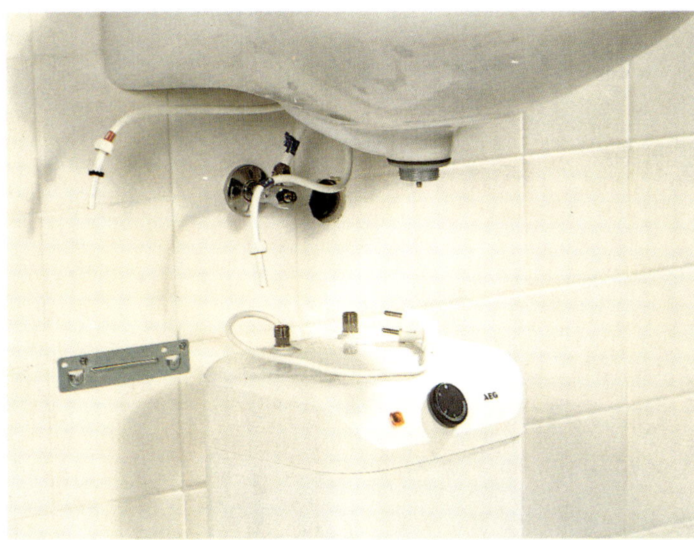
Abb. 4

Abb. 5

Warmwasser-versorgung

Sie benötigen folgendes Werkzeug:

- Armaturenzange
- Wasserwaage
- Maulschlüssel 17 mm
- Maulschlüssel 13 mm
- Siphonzange

Die Arbeitsschritte:

- Wandschiene anbringen
- Speicher anschließen

Das kalte Wasser für einen Sanitärgegenstand kommt grundsätzlich über die Leitung aus der Wand.
Das warme Wasser können Sie ebenfalls aus einer Unterputzleitung kommen lassen – etwa von der zentralen Wasserversorgung im Keller oder einem gemeinsamen Speicher bzw. Durchlauferhitzer für Dusche, Wanne und Waschtisch. Das setzt aber einen schon vorhandenen Wandanschluß für warmes Wasser voraus, eine nachträgliche Installation ist immer mit enormem Aufwand verbunden und als Unterputzleitung oft gar nicht möglich.
Für ein Handwaschbecken – beispielsweise im Besuchszimmer oder im Gäste-WC mit Kaltwasseranschluß – bietet sich die nachträgliche Installation eines Warmwasserspeichers an.
Der Speicher wird auf jeden Fall vor Anschluß des Siphons installiert, weil auch hier eine gewisse Bewegungsfreiheit nötig ist. Bei der Montage des Speichers ist unbedingt auf eine waagerechte Montage der Trageschiene ❹ zu achten, kontrollieren Sie dies mit der Wasserwaage.
Der Anschluß der Armatur erfolgt auch in diesem Fall mit Quetschverbindern ❺ und ist narrensicher, weil Warm- und Kaltwasseranschluß immer eindeutig gekennzeichnet sind. Sehen Sie hier in jedem Falle davon ab, die Leitungen der Armatur zu kürzen, es ist immer genügend Raum, den Speicher selbst entsprechend zu plazieren.
Der Stromanschluß erfolgt über eine Steckdose, vergewissern Sie sich jedoch, ob dieser Anschluß über eine Extraleitung abgesichert sein muß.

Die Dusche

Installation

Duschbäder haben einen geringen Platzbedarf, sie sind mit durchschnittlich 50 Liter je Duschbad sowohl im Wasser- als auch im Energieverbrauch sehr viel sparsamer als ein Vollbad. Für den Benutzer ergibt sich darüber hinaus immer auch eine Zeitersparnis, weil ein Duschbad von wesentlich kürzerer Dauer ist als ein Bad in der Wanne.
Zur schnellen körperlichen Reinigung kommt zudem noch die erfrischende und kreislaufanregende Wechselwirkung von warmem und kaltem Wasser sowie die Massage durch die entsprechend regulierbaren Duschköpfe.
In Hotels, Appartements und in kleinen Wohnungen findet man heute für die körperliche Reinigung fast ausschließlich Duschbäder. Das ist aus Platzgründen durchaus richtig und in beengten Situationen unvermeidlich, bei großzügigeren Platzverhältnissen in Wohung oder Einzelhaus jedoch sollte die Dusche immer als Ergänzung zur Badewanne gesehen werden – so ist die schnelle körperliche Reinigung und Erfrischung ebenso möglich wie das entspannende Wannenbad.
Voraussetzung für den Aufbau einer Dusche sind vorhandene Wasserzu- und -abflüsse bzw. die Möglichkeit, diese nachträglich zu verlegen. Der ideale Platz ist direkt anschließend an und in einer Flucht mit der Badewanne – so sind die entsprechenden Versorgungs- und Entsorgungsleitungen über kurze Verlängerungen zu erreichen.
Hinsichtlich der Warmwasserversorgung sollten Sie sich immer nach der Badewanne oder dem Waschbecken richten, sofern die hierfür installierten Warmwasseraufbereiter über die nötige Kapazität verfügen. Hier ist die schnelle (sofortige) und ausreichende Verfügbarkeit von warmem Wasser zu bedenken. Wenn etwa mehrere Personen im Haushalt leben, die beispielsweise am Morgen auch rasch hintereinander duschen wollen, kann ein Warmwasserspeicher üblicher Größe oft unzureichend sein. Aus diesem Grunde empfiehlt sich ein Durchlauferhitzer, der durch die unmittelbare Warmwasseraufbereitung in der Kapazität unerschöpflich ist und auch noch das Wannenbad versorgt.
Duschwannen sind quadratisch, rechteckig oder vorn halbrund. Sie werden aus emailliertem Gußeisen oder Stahlblech, aus Acryl oder aus Keramik hergestellt.
Die 7 cm tiefe Flachwanne zum Bodeneinbau ist im privaten Bereich wegen der damit verbundenen Fußbodenaushebung unüblich, sie findet sich hauptsächlich in öffentlichen Badeeinrichtungen.
Berücksichtigen Sie bei der Planung, daß unter der Wanne noch ausreichend Raum für den Wasserabfluß sein muß – danach entscheidet sich auch letztendlich, ob Sie eine flache oder eine tiefe Duschwanne aufstellen können: die Duschkabine kommt ja noch obendrauf.
Duschkabinen gibt es passend für die Wannengrundformen, allgemein hat sich eine Rahmenhöhe von 175 cm durchgesetzt. Stan-

Abb. 1

Abb. 2

Die Standardmaße für eckige Wannen sind:

- 80 x 80 und 90 x 90 cm (quadratisch)
- 75 x 80 und 75 x 90 cm (rechteckig)
- 94 x 94 cm (vorn halbrund)

Wannen haben eine Standardtiefe von:

- 15 cm (eckige Wannen, flache Form)
- 28 cm (eckige Wannen, tiefe Form)
- runde Duschwannen sind 17 cm tief

dard ist der Eckeinbau ❶ mit zwei oder einer Schiebetür oder der Einbau nur einer Schiebetür zwischen zwei Wänden. Die halbrunde Vorderfront ❷ ist nur in Ecken einbaubar und als Sonderform auch nur auf der dazugehörigen Duschwanne aufzustellen. Eine einfache und schnelle Lösung ist die Fertigdusche ❸, die einfach nur aufgestellt wird, Siphon und Wasseranschlüsse sind installiert, ebenso ein Boiler, die Armatur, die Dusche und die Duschstange – komfortabler geht es nicht.

Abb. 3

Duschwanne aufstellen

Sie benötigen folgendes Werkzeug und Material:

- Maulschlüssel
- Wasserwaage
- Werkzeug zum Fliesenlegen
- Dichtungskartusche mit Spritze

Die Arbeitsschritte:

- Wannenfuß unter Wanne kleben
- Wanne ausrichten
- Abfluß anschließen
- Umkleidung mauern
- Wand und Wannenfuß verfliesen

Eine Duschwanne nimmt nur etwa ein Drittel der Grundfläche einer Badewanne ein, dementsprechend kleiner ist auch der Hohlraum unter der Wanne. Siphon und Abfluß einschließlich eines eventuellen Überlaufes aber unterscheiden sich in den Ausmaßen nicht von denen unter einer Badewanne. Somit ist der Raum unter der Duschwanne sehr beengt – viel Platz für Dämmstoffe ist dort nicht mehr.
Es ist also nicht zwingend notwendig, eine Duschwanne in einen Träger aus Schaumstoff zu stellen – ein Viertel (oder noch mehr) davon müssen Sie ohnehin heraustrennen, um den Wasserablauf fachgerecht zu installieren. Zudem kann es manchmal schwierig werden, die Duschwanne im Schaumblock exakt auszurichten. Der Block muß ja nach Einlegen der Wanne zunächst belastet werden, um sich richtig zu setzen. Dann klebt er aber schon auf dem Fußboden fest, Nachrichten ist jetzt äußerst schwierig.
Wannenträger für Duschwannen gibt es mit drei, vier und fünf Standfüßen, die durch Ein- oder Ausdrehen alle einzeln höhenverstellbar sind. Diese Standfüße sind an einem zentralen Mittelstück befestigt, ein Arm ist seitlich schwenkbar, um den Wasserablauf zu umgehen.
An den Auflagepunkten haben die Wannenträger Klebestreifen aus Dämmstoff, die eine Schallübertragung von dem metallenen Wannenkörper auf den Standfuß und dann weiter auf den Boden unterbinden.
Stellen Sie den Wannenträger zunächst auf und positionieren Sie dann den Abfluß. Jetzt legen Sie die Wanne zur Probe darauf und markieren so viele Wannenauflagepunkte, wie Sie in dem engen Raum darunter erreichen können. Die Wanne wird nun abgenommen und auf den Rücken gelegt, der Wannenträger mittels der Klebedämmstreifen darauf festgeklebt. Jetzt stellen Sie die Wanne in Position und richten sie

Abb. 1

Abb. 2

durch Ein- oder Ausdrehen der Standfüße mit Hilfe der Wasserwaage aus ❶. Auch die Position der Standfüße auf dem Boden wird markiert, danach markieren Sie die Oberkante der Wanne an den Wänden.
Für die seitliche Auflage an der Wand gibt es spezielle Wandhaltewinkel, von denen Sie drei Stück befestigen sollten. Zwei auf der einen Wand mit einem Mittelabstand von 60 cm, einen an der korrespondierenden Wand auf Höhe des äußeren Wandhalters. So ist – speziell bei einem dreibeinigen Wannenträger – eine sehr sichere Auflage gewährleistet.
Der bereits verlegte Ausfluß wird jetzt mit der Duschwanne verbunden und sauber abgedichtet, die Arbeitsschritte sind die gleichen wie beim Waschtisch oder bei der Badewanne.
Das wichtigste aber ist der Potentialausgleich, wenn Sie eine Wanne aus Metall aufgestellt haben. Die Leitung wird – ebenso wie bei der Badewanne – an einer Lasche am Wannenkörper angeschlossen oder – falls vorhanden – am metallenen Abflußventil.
Als Umkleidung können Sie jetzt dünne Gasbetonstreifen wählen, die ja leicht paßgenau zu schneiden sind und nicht nur vor die offenen Wannenseiten, sondern auch an die Wände geklebt werden sollten. So ergibt sich eine kleine Auflage, und der Hohlraum unter der Wanne wird noch geringer. Vergessen Sie aber die Revisionsöffnung nicht! Wer es noch bequemer haben will, wählt eine der fertig emaillierten Stahlblechumkleidungen.
Die mit Gasbeton umkleidete Wanne wird dann zusammen mit den Wänden verfließt, die Anschlußfugen zu den Wänden ❷ versiegeln Sie abschließend mit einer Silikondichtungsmasse.

Duschkabine zusammenbauen und aufstellen

Komplett verpackt mit allem Zubehör bis hin zur Dichtungsmasse und zur letzten kleinen Schraube nehmen Sie den Duschkabinenbausatz als Paket mit nach Hause.
Was Sie an Werkzeug brauchen, steht normalerweise schon auf der Verpackung, entdecken Sie dort nichts, lassen Sie sich noch im Geschäft erklären, welches Werkzeug und gegebenenfalls welche Hilfsmittel Sie außerdem noch benötigen können.
Bohrmaschine, Schraubendreher, Zollstock und Wasserwaage sowie eine Dichtungsmasse für den Wandanschluß – sehr viel mehr werden Sie nicht benötigen. Prüfen Sie zunächst den Inhalt auf Vollständigkeit, vermeiden Sie es aber, die kleinen verschweißten Tüten mit den vielen kleinen Schrauben, Kappen, Scheiben und Dübeln zu öffnen – zu leicht könnte etwas verlorengehen. Normalerweise sind die Kleinteile in den Tüten vollzählig, nur wenn eine Tüte beschädigt ist, könnte etwas fehlen.
Bevor Sie an den Aufbau gehen, studieren Sie die beigefügte Aufbauanleitung – hier ein Beispiel ❶ – ganz genau und besorgen Sie sich einen möglichst geschickten Helfer – so läßt sich die Kabine besser handhaben, ausrichten und befestigen.

Sie benötigen folgendes Werkzeug:

- Bohrmaschine
- Schraubendreher
- Wasserwaage
- Zollstock

Die Arbeitsschritte:

- Rahmen zusammenbauen
- Wandprofile anbringen
- Rahmen einhängen und ausrichten
- Türen ausrichten

Machen Sie sich vor dem Aufbau der Duschkabine gründlich mit der Aufbauanleitung vertraut und packen Sie auch nur die Teile aus, die Sie unmittelbar für den jeweils anstehenden Schritt benötigen – so kann nichts verlorengehen, und Sie ersparen sich zeitraubendes Suchen.

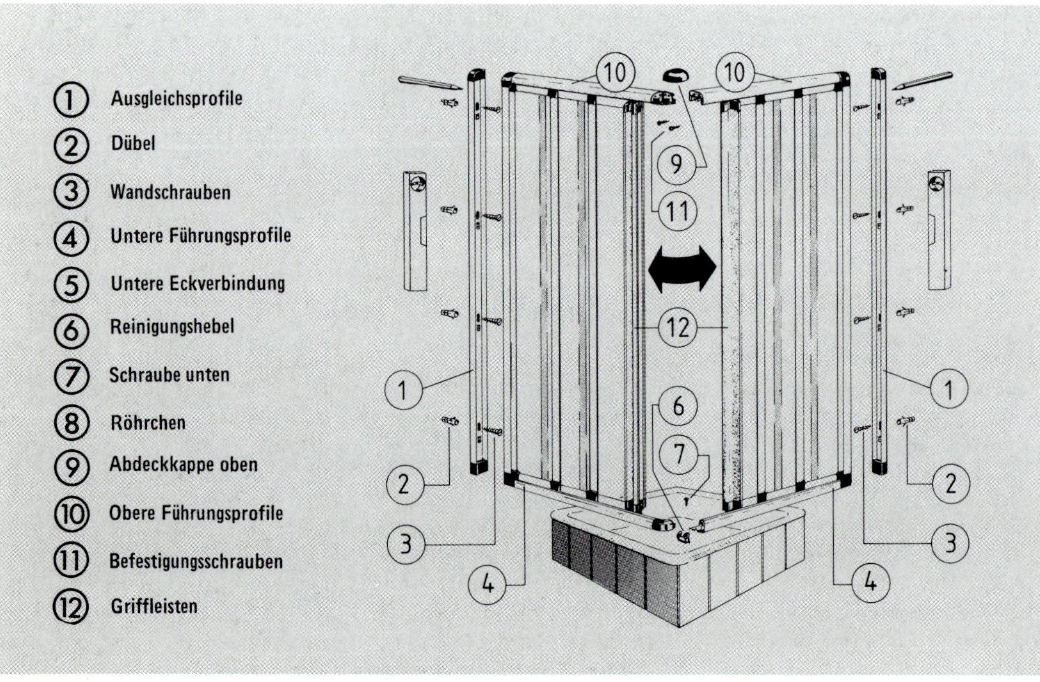

Abb. 1

Abb. 2

Abb. 3

Noch etwas: Die Rahmenteile aus Aluminium und die Kunstglas- oder Echtglasscheiben sind natürlich empfindlich gegen scharfe und harte Gegenstände. Trennen Sie also fein säuberlich die Schrauben von den Rahmen- und Glasteilen und legen Sie die Teile für den Zusammenbau lieber auf eine schonende Unterlage.

Wenn Sie eine Duschkabine mit ungleicher Schenkellänge haben, achten Sie unbedingt bei den oberen und unteren Führungsschienen darauf, zu welcher Seite der kurze und zu welcher Seite der lange Schenkel montiert werden muß, die senkrechten Rahmenteile sind universell verbaubar.

Die Eckverbindungen werden einfach nur gesteckt und geschraubt, es ist jedoch zwischen oberem und unterem Rahmen zu unterscheiden. Für den oberen Rahmen werden die Führungsprofile (❶, Nr. 10) auf den Eckverbinder gesteckt und mit den Schrauben (Nr. 11) befestigt. Dann klipsen Sie die Abdeckkappe (Nr. 9) auf.

Beim unteren Rahmen sind zusätzlich noch die Reinigungshebel (❶, Nr. 6) zu montieren, die Verbindungsschrauben werden nicht von der Stirnseite, sondern von oben eingedreht. Die Reinigungshebel sind im Eckverbinder über Zapfen angelenkt, bei Betätigung können die Türen zur Reinigung ausgehängt werden.

Den komplett zusammengefügten Rahmen mit den eingehängten Türen stellen Sie jetzt zur Probe auf die Duschtasse und markieren den Wandanschluß mit einem provisorischen Strich auf mittlerer Höhe.

Die Wandprofile müssen exakt ausgerichtet werden. Dazu legen Sie die Schiene an die provisorische Markierung und kontrollieren dann die Senkrechte mit der Wasserwaage ❷. Weil die provisorische Markierung in der Mitte liegt, können Sie sehr gut nach rechts oder links ausrichten. Die Bohrpunkte für die Dübellöcher markieren Sie jetzt mit einem Filzschreiber direkt durch die entsprechenden Öffnungen im Wandprofil.

Damit die Kachel beim Bohren nicht springt, wird sie entweder angekörnt oder mit einem auf den Bohrpunkt geklebten »X« aus Klebeband geschützt. Jetzt setzen Sie die Bohrlöcher, stecken die Dübel ein und schrauben die Wandprofile fest.

Bevor Sie nun den Rahmen einpassen, hängen Sie die Türen ein und sichern ❸ sie mit dem Reinigungshebel (❶, Nr. 6).

Den kompletten Rahmen mit eingehängten Türen stellen Sie jetzt auf die Duschtasse und führen die Seitenprofile in die Wandschienen ein.

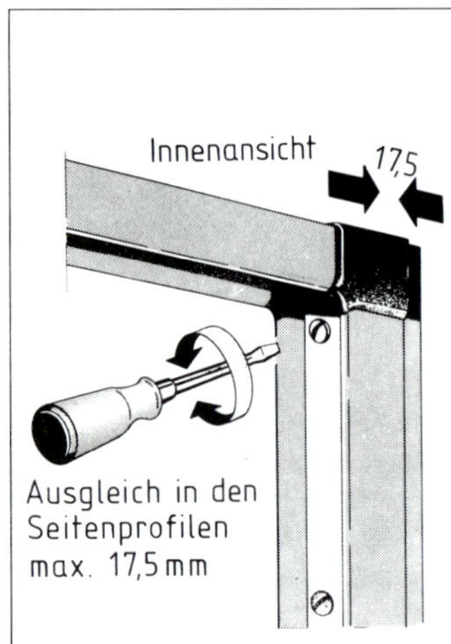

Abb. 4

Dabei sollte eigentlich alles schon mehr oder weniger spielfrei zusammenpassen. Zum Festschrauben schieben Sie die Türen zur Ecke hin zusammen und drehen dann die Schrauben ein. Die Seitenprofile sind durch Ein- oder Ausdrehen der Befestigungsschrauben in den oberen und unteren Ecken bei

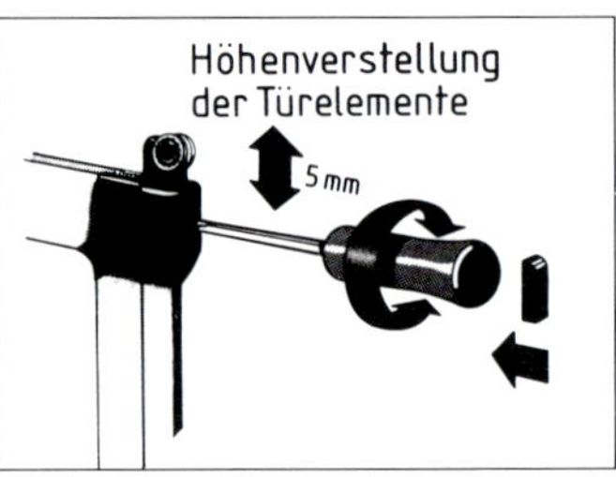

Abb. 5

diesem Bausatz um 17,5 mm verstellbar. Kontrollieren Sie den rechten Winkel in allen vier Anschlußecken mit der Wasserwaage und richten Sie die Seitenrahmen entsprechend nach ❹.
Auch die Türen sollen gerade und senkrecht hängen. Senkrecht sind sie automatisch ausgerichtet, weil dies ja mit dem Rahmen zusammen geschieht, in der Waagerechten sind sie auf jeder Seite um 5 mm verstellbar. Drehen Sie dazu die Schraube an den beiden Außenecken ❺ entsprechend aus oder ein, und kontrollieren

Abb. 6

Sie die Waagerechte wieder mit der Wasserwaage.
Ganz zum Schluß wird die Fuge zwischen Wand und Duschwanne von außen mit der beigefügten Dichtungsmasse ausgespritzt und glatt verstrichen. Zur Reinigung können die Türen nach Anheben des Hebels (Nr. 6) nach innen geschwenkt und herausgehoben werden ❻. So läßt sich von Zeit zu Zeit auch der Rahmen sauber machen.

Die Badewanne

Installation

Die Badewanne ist unter den Sanitäreinrichtungen im Badezimmer das größte Objekt und bedingt daher die Anordnung aller anderen Sanitäreinrichtungen.
Sie sollte so groß wie möglich gewählt werden, damit das wohlige Strecken im warmen Wasser auch die nötige Entspannung bringt. Kurzwannen oder Sitzwannen sind immer ein Notbehelf in beengten Räumen, die Standardwanne mit einer Länge von 170 cm wurde durch die 180 cm lange Komfortbadewanne verdrängt.

Standardmaße	Länge (mm)	Breite (mm)	Tiefe (mm)	Inhalt (Liter)
Sitzwanne	1045 1140	710 760	610 615	160 175
Kurzwanne	1400 1500	635 700	400 450	160 185
Normalwanne	1600 1700 1750 1800	750 750 750 800	425 425 425 425	195 205 210 215

Auch Sparfanatiker werden beim Lesen der Tabelle erkennen, daß die Komfortwanne mit 215 Litern Volumen nur 10 Liter Wasser mehr verbraucht als die 1700 mm Standardwanne, dafür aber 100 mm länger und 50 mm breiter ist.
Der Aufstellort für eine Badewanne sollte gut gewählt werden. Die Standardsituation in normal großen Badezimmern ist der Einbau quer über die Stirnwand ❶. Die Abflüsse und die Trinkwasserleitungen für alle Sanitäreinrichtungen sollen möglichst an einer Wand verlegt werden.
Badewannen können frei im Raum auf Füßen stehen oder verkleidet und verfliest ebenfalls auf Füßen oder eingelegt in einen Trägerblock aus Schaumstoff. Außerdem gibt es Schürzenwannen mit einer rundum bis zum Boden hingezogenen Verkleidung, die nicht mehr verfliest werden müssen.
Das Material, aus dem Badewannen gemacht werden, kann Gußeisen, Stahlblech oder Acryl sein. Metallwannen leiten die Wärme stärker ab als Acrylwannen, sind glatter und schallintensiver. Es empfiehlt sich immer, sie in einen Schaumstoffblock zu stellen – so sind Schallisolations- und Wärmeableitungsprobleme gelöst.
Badewanne und Dusche sollen grundsätzlich nicht in der Nähe von Fenstern aufgestellt werden, weil Wasserdampf und Kaltluft hier unmittelbar zusammentreffen und die Schwitzwasserbildung fördern.

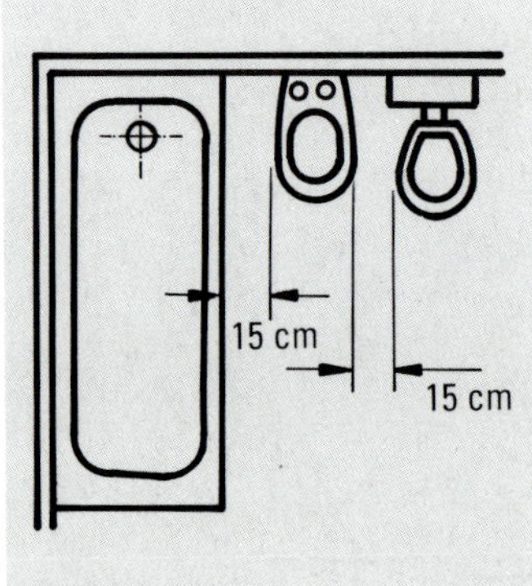

Abb. 1

Wannenträger, Abfluß und Revisionsöffnung vorbereiten

Sie benötigen folgendes Werkzeug:

- ein scharfes Messer mit langer Klinge (z.B. Brotmesser) oder einen langen, schmalen Fuchsschwanz
- Filzstift zum Markieren

Die Arbeitsschritte:

- Distanzstücke anbringen
- Abflußausschnitt herausnehmen
- Abflußventilposition markieren
- Revisionsöffnung markieren und schneiden

Der Schaumstoffwannenträger muß immer genau zu der Badewanne passen, die Sie in ihn hineinlegen wollen.
Es wird zwischen zwei Bauarten unterschieden, die jedoch beide universell einsetzbar sind: Der Varioblock mit gerader und nach innen angeschrägter Vorderfront (für den Untertritt); der Wannenabfluß kann an beiden

Abb. 2

Abb. 3

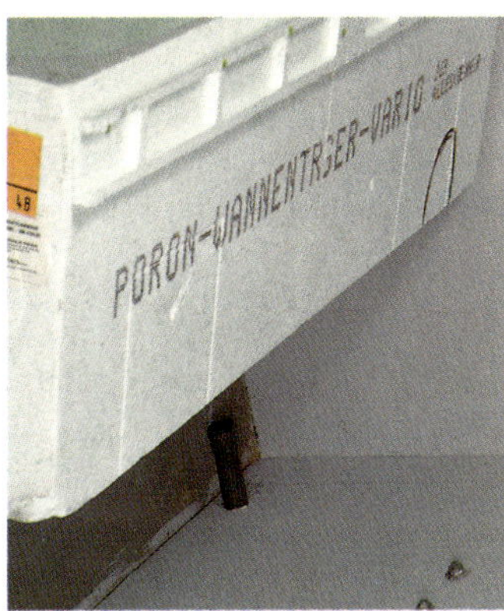

Abb. 4

Abb. 5

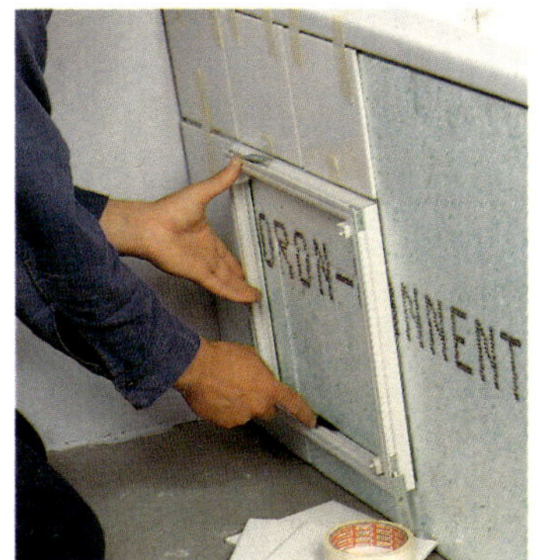

Abb. 6

Enden angeschlossen werden. Weil der Wannenträger an beiden Enden tief eingeformt ist, um das Fußende aufzunehmen, liegt das Kopfteil nicht mit der ganzen Schrägung, sondern nur mit dem Wannenrand auf.
Der Paßformblock mit schräger Auflage im Kopfteil ist nicht ganz so universell einsetzbar wie der Varioblock, bietet aber durch die im Kopfbereich vollflächige Auflage bessere Wärme- und Schalldämmeigenschaften. Er ist beidseitig für den Untertritt angeschrägt, wollen Sie einen senkrechten Abschluß, muß ein Formkeil vorgesetzt werden.

Bei beiden Bauarten sorgen Wandanschlußbalken, Paßkeile und Füllstücke für den richtigen Wandanschluß ❷. Die Wandanschlußbalken sind so gefertigt, daß sie automatisch den richtigen Abstand zwischen Wanne und Wand herstellen und zwar für das Dünnbett- sowie für das Dickbettverfahren. Am Balken sind Noppen von etwa doppelter Materialdicke angegossen, die Sie für das Dünnbettverfahren abbrechen müssen.
Die so vorbereiteten Balken werden mit den beigefügten speziellen Steckdübeln am Wannenträger befestigt ❸, dann bereiten Sie die seitlichen Winkelstücke vor.
Die sind grundsätzlich für eine senkrechte Wannenfront vorbereitet. Wünschen Sie eine zurückspringende Wannenfront für den Untertritt, werden die Distanzstücke im Bogen herausgebrochen. Dann ebenso feststecken wie den Wandbalken.
Schieben Sie den Block jetzt in Position und reißen Sie den Abflußdurchgang an, in unserem Falle kommt er von der Seite ❹, dann sägen Sie die Öffnung mit dem Messer oder einem Fuchsschwanz heraus.
Weil in dem engen Raum unter dem Wannenträger nur mühselig zu arbeiten ist, sollen Abflußventil und Siphon schon positionsgenau vorbereitet werden.
Dazu schieben Sie den Wannenträger an die Wand und legen die Wanne ein. Durch das Abflußloch ❺ markieren Sie auf dem Fußboden die genaue Position des Ventils. Nun können Sie auch die Position der Bedienklappe anreißen ❻. Das richtige Maß ermitteln Sie, wenn Sie die Fliesen mit Kreppband provisorisch auf dem Träger befe-

stigen und dann den Bedienklappenrahmen anlegen. So haben Sie nach oben hin das volle Fliesenformat und zum Boden hin den Verschnitt. Ventil, Siphon (weiß) und Anschlußleitung zum Abfluß (grau) werden jetzt einfach und bequem von oben montiert ❼.

Ablaufgarnitur und Erdung

Sie benötigen folgendes Werkzeug und Material:

- einen Filzschreiber
- Pucksäge
- Erdungsdraht
- Schraubendreher

Die Arbeitsschritte:

- Ablauf und Überlauf montieren
- Wanne erden

Badewannenabläufe haben einen Durchmesser von 40 mm, die Anschlußleitung an die Abwasserleitung soll jedoch einen Durchmesser von 50 mm haben. Die wegen des engen Raumes unter der Wanne bedingte flache Bauweise von Ventil und Siphon erfordert einen sauber verlegten Abfluß, der größere Durchmesser der Anschlußleitung soll eine Absaugung des Geruchsverschlusses verhindern (siehe »Leitungsquerschnitte«).
Auch bei Wannenabläufen können Sie zwischen einfachen und komfortablen Lösungen wählen. Statt des von uns eingebauten Ventils mit Gummistopfen ❽, ließe sich auch eins mit Exzenterbedienung montieren. Der Bowdenzug für das Exzenterventil wird über einen Drehknopf am Überlauf bedient. Der Bowdenzug braucht bei Montage des Ablaufs nicht gekürzt zu werden, auch wenn dies beim Überlaufrohr der Fall sein sollte.
Ablaufventile sind heute üblicherweise aus Kunststoff und unanfällig gegen Korrosion. Es kann aber manchmal zwingend notwendig sein, ein Ventil aus Metall zu verwenden und zwar dann, wenn die Badewanne selbst aus Metall ist und keinen Anschluß für den Potentialausgleich hat. Prüfen Sie das schon beim Kauf der Wanne, und lassen Sie sich die Anschlußlaschen für die Potentialausgleichsleitung zeigen. Man braucht schon ein wenig Fingerspitzengefühl, wenn Ventilkelch und Ventilunterteil zusammengebracht werden sollen, wenn Sie die Wanne aber dabei auf den Rücken drehen, ist es nicht schwer.
Ventilunterteil und Siphon sind schon zusammengebaut, der Ventilkelch mit der durchgesteckten Sicherungsschraube wird von innen herangeführt ❾. Ebenso wie beim Waschbecken legen Sie auch um einen Ventilkelch der Badewanne einen Kittring, damit hier absolute Dichtigkeit gewährleistet ist. Danach die Schraube

Abb. 7

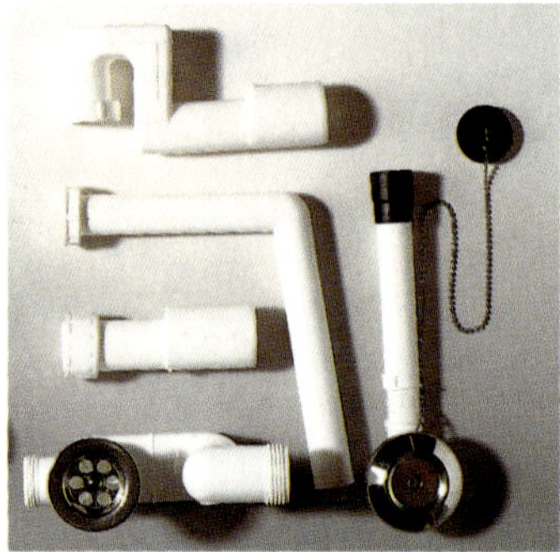

Abb. 8

GEWUSST WIE

Potentialausgleich

Alle metallischen Leistungen und Gegenstände im Haus müssen zum elektrischen Spannungsausgleich geerdet sein. Speziell im Bad und in den Wasserleitungen sowie im Heizungssystem fördert die Feuchtigkeit die elektrische Leitfähigkeit, bei direkter oder indirekter Berührung fließt der tödliche Strom durch den Körper.
Den Anschluß der Ausgleichsleitung an der Badewanne lassen Sie auch am besten – schon aus versicherungsrechtlichen Gründen – von einem Fachmann vornehmen, der bei dieser Gelegenheit die gesamte Potentialausgleichsleitung im Haus überprüfen sollte.
Wurde nämlich irgendwo im Haus gern zum Spannungsausgleich genutzte metallene Wasserleitung durch nachträglich eingesetzte Kunststoffrohre unterbrochen, ist kein Schutz mehr gewährleistet.

Abb. 9

Abb. 10

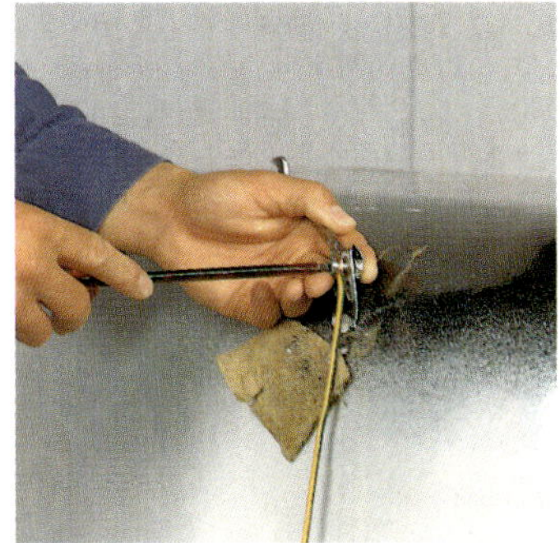
Abb. 11

zunächst mit der Hand eindrehen und dann mit dem Schraubendreher fest anziehen. Herausquellenden Kitt sofort mit einem feuchten Lappen abwischen.
Badewannenabläufe sind universell gefertigt, und das

Abb. 12

Überlaufrohr muß in der Länge jeweils der Wanne angepaßt werden. Halten Sie die beiden schon vormontierten Teile nebeneinander, und markieren Sie ❿ den Trennschnitt mit einem Filzschreiber. Die Steckmanschette garantiert dann eine sichere Verbindung.
Jetzt können Sie auch gleich den Draht für den Potentialausgleich an die dafür vorgesehene Lasche anschließen ⓫. Das soll immer so geschehen, daß sich der mindestens 4 mm dicke Draht auf keinen Fall lösen kann.

Wanne aufstellen

Sie benötigen folgendes Werkzeug und Material:

- Wannenträger
- Kleber oder Mörtel
- Spachtel
- Badewanne

Die Arbeitsschritte:

- Mörtel oder Dispersionskleber aufbringen
- Schaumstoffträger aufstellen
- Wanne einsetzen
- Belastungsprobe

Ein kräftiger Helfer ist die Grundvoraussetzung für den Wannenaufbau, denn das große »Ding« aus Stahl oder gar Gußeisen ist recht schwer und unhandlich.
Wenn möglich, sollten Sie die Wanne in einem Schaumstoffträger aufstellen – sie ist dann optimal wärme- und schallgedämmt.
Der Schaumstoffträger kann direkt auf den Rohboden ins Mörtelbett gesetzt werden, oder Sie kleben ihn auf den fertigen Estrich bzw. auf den mit phenolharzverleimten Fußbodenplatten egalisierten Boden.
Das Mörtelbett soll so angelegt werden, daß die Mörtelstränge unter den Rippen des Wannenträgers sitzen.
Beim Anstreichen des Klebers ⓬ ist in der gleichen Art zu verfahren.
Geeignet ist jeder Dispersionskleber. Sind Sie im Zweifel, informieren Sie sich beim Kauf, oder lesen Sie in der Planungs- und Montageanleitung nach, welchen Kleber der Hersteller empfiehlt.
Kleber oder Mörtel sollten Sie nicht zu dick auftragen.
Wenn Sie den richtigen Zahnspachtel verwenden, können Sie beim Auftragen

des Klebers keinen Fehler machen, die Zahnung garantiert die richtige Dicke. Vorher zeichnen Sie die Umrisse der Trägerrippen positionsgenau auf den Boden. Dazu den Träger richtig aufstellen und dann die Außenkanten anreißen. Das weitere Muster übertragen Sie dann mit dem Lineal.

Das Mörtelbett ist etwas schwieriger anzustreichen, weil hier eventuelle Unebenheiten auszugleichen sind. Legen Sie Stränge von etwa 2 cm Dicke. So können Sie durch entsprechendes Rücken später ausgleichen. In beiden Fällen soll der aufgestellte Wannenträger mit diagonal übergelegter Wasserwaage kontrolliert werden, dann legen Sie sofort den Wannenkörper ein ⓭ und geben Kleber oder Mörtel Zeit zum Abbinden.

Bevor Sie mit dem Fliesen beginnen, soll die Wanne belastet werden. So kann sie sich im Wannenträger endgültig setzen. Außerdem wird der Schaumstoff durch die Belastung noch ein wenig gestaucht und nimmt so seine endgültige Form an. Für die Belastungsprobe lassen Sie die Wanne einfach über einen provisorisch eingedrehten Wasserhahn (die Eckventile werden ja schon vorher installiert) voll Wasser laufen, oder Sie setzen sich selbst hinein und belasten die Wanne mit Ihrem Körpergewicht.

Abb. 13

Fliesen, Revisionsöffnung, Wannendichtungsprofil

Sie benötigen folgendes Werkzeug und Material:

- Fliesenwerkzeug
- Cuttermesser
- Fliesen
- Fliesenkleber
- Dichtungsprofil

Die Arbeitsschritte:

- Fliesenplan machen
- Fliesen kleben
- Revisionsplatte einsetzen
- Dichtprofile kleben

Das Fliesenbild auf Wannenträger und Wand soll harmonisch sein, auch die Anschlüsse für Armaturen, die Duschstange und der Spritzschutz sollen sich in das Fliesenraster einfügen und nicht »aus der Reihe tanzen«.

Dies setzt eine sorgfältige Planung voraus, die abhängig ist von der Höhe des Fertigfußbodens und der Lage der Wandanschlüsse für Warm- und Kaltwasser. Ob dies immer gelingen kann, hängt von den räumlichen Gegebenheiten ab und auch davon, ob Sie ganz und gar neu planen konnten oder sich – beim Renovieren – mit den vorgefundenen Bedingungen arrangieren müssen. Wenn möglich, soll beim Verfliesen der Anschnitt so gewählt werden, daß er ringsum gleichmäßig ist. Es wird von der Außenecke oder von oben mit dem vollen Format begonnen, der Anschnitt liegt dann in der Innenecke. Hier schließt der Anschnitt der korrespondierenden Wand an, dann wird auch dort wieder mit dem vollen Format weitergearbeitet. Von oben beginnen Sie ebenfalls mit dem vollen Format und schneiden dann, falls erforderlich, zum Boden hin an.

Grundlage für einen sauberen Fliesenplan ist die Wandmitte – legen Sie diese Senkrechte mit dem Lot fest und prüfen Sie, ob das Fliesenraster mit einem vollen Format an der Außenecke beginnt. Eventuell muß die Senkrechte so um wenige Zentimeter nach links oder rechts verändert werden, daß sie ins Fliesenraster paßt. Die Gründe: keine Wand ist gerade, keine Ecke lotrecht; wenn ein Bau sich gesetzt hat, gibt es immer geringe Differenzen.

Denken Sie daran, daß Sie für die Außenecken Randfliesen benötigen, bei denen die sichtbare Kante der Ecke glasiert ist. Diese Sichtkante ragt um die Fliesen- und Klebebettdicke über die Wand hinaus und liegt dann plan mit der Front der dort verlegten Fliesen.

Hier hat das Fliesenraster ergeben, daß die Fliesen über der Wanne und an der linken Wand zur Ecke hin geschnit-

Abb. 14

Abb. 15

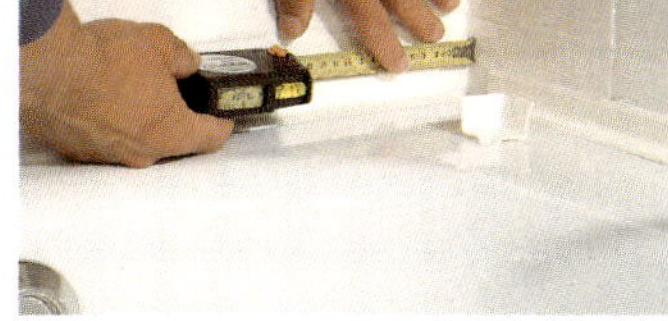

Abb. 16

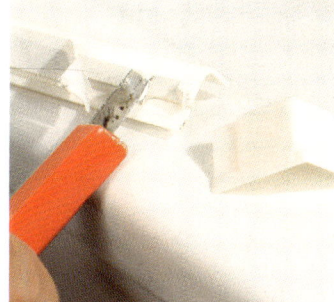

Abb. 17

Abb. 18

ten werden mußten ⓮. Zunächst werden nur die vollen Formate verlegt, die Anschnittstücke aber zum Schluß einzeln eingepaßt. Ganz zum Schluß verlegen Sie die Fliesen an den Eckventilanschlüssen. Damit die Bohrungen auch ganz genau sitzen, fertigen Sie sich lieber eine Pappfliese als Schablone. Die Löcher selbst schneiden Sie (nach Vorbohren mit einem Steinbohrer) mit einer Fliesensäge oder mit einem Fliesenlochschneider.

Nun muß die Revisionsklappe angebracht werden. Revisionsklappen bestehen aus einem Rahmen und einer Platte für zwei oder vier volle Fliesenformate. Sie werden entweder durch Klammern oder Schrauben arretiert oder – wie in unserem Fall – durch Magneten gehalten. Bei der Magnetplatte brauchen Sie nur den Saugspüler anzusetzen, und schon ist der Zugang zum Abfluß für notwendige Wartungsarbeiten frei ⓯. Der Kunststoffrahmen wird in den Schaumstoffblock eingepaßt, dann werden die Fliesen auf den Metallträger geklebt und die Platte eingesetzt.

Die Dichtung zwischen Badewanne und Wand ist immer eine Problemzone – egal, ob Sie eine Dichtungsmasse einstreichen oder es beim Fliesenkitt belassen, nach einer gewissen Zeit müssen Sie immer mit Undichtigkeiten rechnen, weil stehende Feuchtigkeit während des Badens oder Duschens hier auf Dauer Wirkung zeigt – auch wenn sie nach dem Bad sofort abgewischt wird.

Besser ist es daher, die Fuge so zu schützen, daß erst gar keine Feuchtigkeit dorthin gelangen kann. Es gibt verschiedene Dichtprofile, die immer so angebracht werden, daß sie die Fuge zwischen Wand und Wanne dachförmig abdecken. Spezialkleber garantieren sichere Dichtigkeit an den Fliesen, Dichtlippen schließen auf dem Wannenkörper ab, erlauben aber gleichzeitig eine Hinterlüftung.

Die Profilschienen werden zur Ecke hin eingekürzt, messen Sie also beide Schenkel exakt ⓰. Geschnitten wird das Kunststoffprofil mit einem Cuttermesser ⓱, das Eckprofil ⓲ hat außerdem entsprechende Verbindungsführungen.

Armatur und Duschstange

Sie benötigen folgendes Werkzeug und Material:

- Maulschlüssel 19 mm
- Armaturenzange mit Schutzbacken
- Bohrmaschine
- Schraubendreher
- Hanf und Kitt

Die Arbeitsschritte:

- S-Stücke eindrehen und ausrichten
- Armatur installieren
- Duschstange anbringen

Um eine Schmutzwasserrücksaugung zuverlässig zu verhindern, muß die Badewannenarmatur so angebracht werden, daß ihr Auslauf mindestens 20 mm über dem Wannenrand endet, das Wasser soll im unteren Drittel der Wanne gegen die Wannenwand einlaufen, um Aufprallgeräusche zu vermeiden.
Weil Wandanschlüsse nicht immer auf den Millimeter genau verlegt und verputzt werden können, und auch die Armaturen unterschiedliche Anschlußweiten haben, wird die Waagerechte mit sogenannten S-Stücken ausgeglichen. Sie sind gekröpft geführt und erlauben durch entsprechende Drehung einen Ausgleich von bis zu 12,5 mm in jeder Richtung.
Die sorgfältig eingehanften und mit Kitt bestrichenen S-Stücke werden nach Lösen der Blindstopfen eingedreht ❶.
Wenn Sie den Anschlag spüren, sollten Sie nicht mehr weiterdrehen, denn Sie brauchen noch Bewegungsfreiheit zum Ausrichten.
Ausgerichtet wird mit der Wasserwaage. Zunächst aber greifen Sie die Anschlußweite der Armatur ab und zwar von Innenseite zu Innenseite der Gewinde. Das ist genau der Abstand, den die S-Stücke zueinander haben sollen.
Legen Sie jetzt die Wasserwaage auf die S-Stücke und verdrehen Sie diese so lange mit dem Maulschlüssel, bis das ermittelte Zwischenmaß stimmt und beide Anschlüsse auf einer waagerechten Ebene liegen. Durch richtiges Drehen der freistehenden Enden um die Anschlußachse läßt sich die gewünschte Position immer erreichen.
Die Armatur wird jetzt vorgesetzt ❷, dann ziehen Sie die Überwurfmuttern mit der Armaturenzange an ❸; Plastikkappen an der Zange schützen die Chrombeschichtung. Vorher jedoch sollten Sie, falls noch nicht geschehen, die Leitungen gründlich durchspülen, um so zu vermeiden, daß eventuell vorhandene Schmutzreste oder Metallspäne die Armatur beschädigen. Die Duschstange soll in unmittelbarer Nähe der Armatur so angebracht werden, daß die Schlauchbrause jederzeit bequem zu greifen,

GEWUSST WIE

S-Stücke immer mit Hanf und Kitt abdichten!
Weil die S-Stücke zum waagerechten Ausrichten der Armatur ja entsprechend zurechtgedreht werden müssen, dürfen Sie hier auf keinen Fall das empfindliche Teflonband verwenden: schon nur ein kleiner Dreh zurück beeinträchtigt die Dichtwirkung des Bandes. Dichten Sie die Ventile also grundsätzlich mit Hanf und Kitt ab, und richten Sie sie auch sofort aus, um so eine höchstmögliche Dichtwirkung zu erzielen.

Abb. 1

Abb. 2

Abb. 3

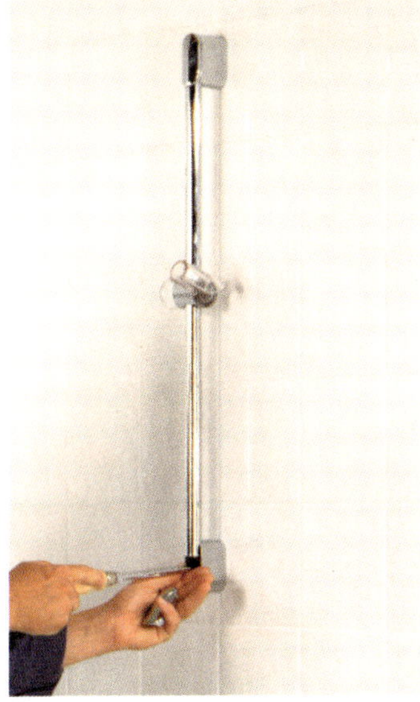

Abb. 4

Abb. 5

Abb. 6

aber auch als Kopf- oder Körperbrause zu verwenden ist. Für eine Körpergröße von 170 cm ergibt sich eine Höhe des Duschkopfes über dem Wannenboden von 225 cm, bei 180 cm großen Personen sind es 237 cm. Legen Sie also die Duschstange in der entsprechenden Position an, markieren Sie die Bohrlöcher, und schrauben Sie die Stange fest ❹. Dann den Duschschlauch in die Armatur eindrehen und die Brause in den Halter einlegen.

Spritzschutz

Sie benötigen folgendes Werkzeug:

- Bohrmaschine
- Wasserwaage
- Schraubendreher

Die Arbeitsschritte:

- Position anreißen
- Gummidichtung einziehen
- Spritzschutz montieren und ausrichten

Die Schlauchbrause macht es möglich, daß Sie in einer Badewanne nicht nur das entspannende Wannenbad genießen, sondern daß Sie auch zur schnellen Erfrischung und Körperpflege in der Wanne stehend duschen können.
Dazu sollte in jedem Falle ein Spritzschutz angebaut werden ❺ – nicht nur, um den Badezimmerboden sauber zu halten, sondern auch, damit durch die Fliesenfugen keine Feuchtigkeit in den Boden eindringen kann.
Ein fester, faltbarer Spritzschutz ist einem Vorhang immer vorzuziehen, weil er nicht durch den Differenzdruck zwischen heißer Dampfluft und kälterer Raumluft bewegt werden kann.
Für Links- oder Rechtsanschlag konstruierte Falt- oder Klappspritzschutzwände haben oben und unten ein Dichtungsgummi, das vor der Montage eingeschoben werden muß ❻.
Der Spritzschutz soll immer vor der Hälfte der Wanne angebracht werden, in der geduscht wird, möglichst zur Wandecke hin ❼. In der Regel ist das dort, wo die Ar-

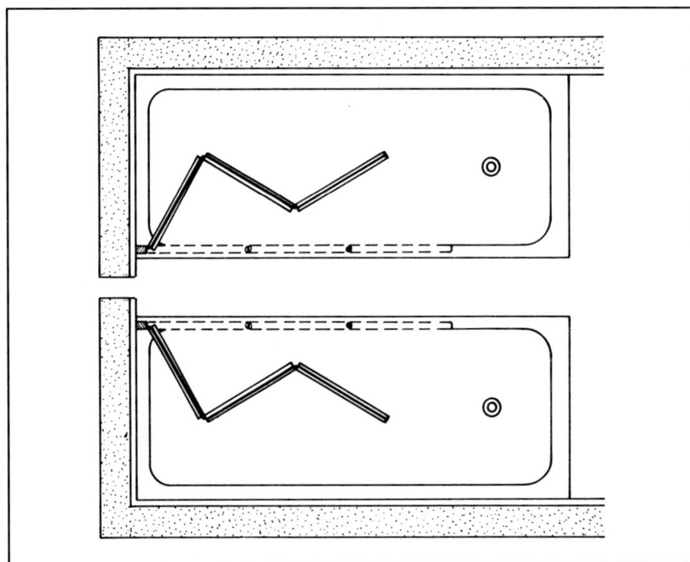

Abb. 7

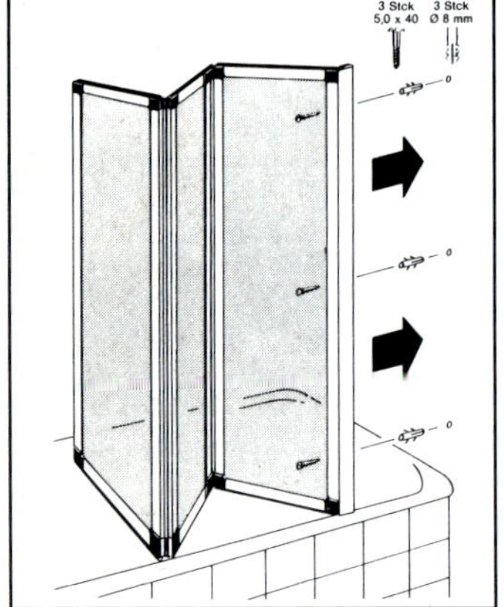

Abb. 8

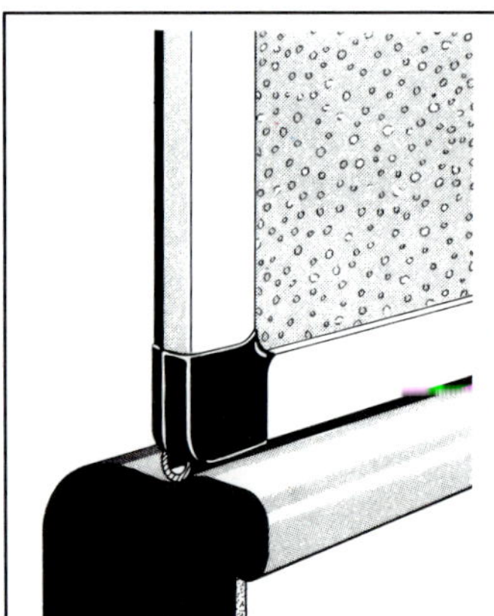

Abb. 10

Abb. 9

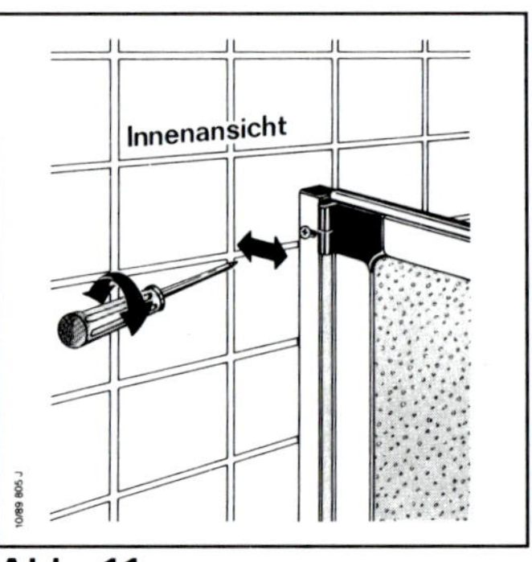

Abb. 11

matur installiert wurde. Ist dies aufgrund der Einbauposition der Wanne nicht möglich, soll der Duschschlauch so lang gewählt werden, daß in der entsprechenden Zone ein bequemes Duschen möglich ist.

Gegebenenfalls müssen Sie durch geeignete Wandhalterungen den Schlauch von der Armatur zum Duschplatz so führen, daß ein störungsfreies Duschen möglich ist. Der Spritzschutz selbst sollte immer so hoch sein, daß auch die Körperbrause genutzt werden kann.

Die Wandmontage erfolgt durch eine Wandschiene, die durch Schrauben gehalten wird ❽. Reißen Sie zunächst mit Hilfe der Wasserwaage ❾ die Position der Wandschiene so an, daß der Spritzschutz senkrecht an der Wand sitzt und mit der Dichtungslippe an der Innenkante des Wulstes auf dem Badewannenrand ❿ aufliegt. Extra abgedichtet werden muß die Wandschiene normalerweise nicht, eine Gummilippe sorgt hier für dichten Sitz. Endgültig ausgerichtet ⓫ wird der Spritzschutz mittels der seitlichen Feststellschrauben.

Die Toilette

Das Spülklosett – Installation

Nach Art der Benutzung wird zwischen Sitz- und Hockklosetts unterschieden. Letztere finden sich nur in südlichen Ländern. Bei uns gebräuchlich ist das Sitzklosett aus Keramik. Dazu gehört ein Sitz aus Kunststoff oder Holz mit Sitzbrille und Deckel.
In der Konstruktion wird unterschieden zwischen Flachspül-, Tiefspül- und Absaugklosetts.
Flachspülklosetts bringen bei der Benutzung immer die höchste Geruchsbelästigung, weil die Fäkalien in der Mulde liegen bleiben. Es kann aber aus gesundheitlichen Gründen notwendig sein, die Ausscheidungen zu kontrollieren.
Tiefspül- und Absaugklosetts ziehen eine wesentlich geringere Geruchsbelästigung nach sich, weil die Ausscheidungen sofort in das Sperrwasser des Syphonbogens fallen.
Allgemein hat sich das Tiefspülklosett durchgesetzt. Die seltener installierten Absaugklosetts bieten den Vorteil, daß der gesamte Sperrwassergehalt im Geruchsverschluß einschließlich Fäkalien und Papier abgesaugt wird – was bei Tiefspülklosetts nicht immer der Fall ist. Der Nachteil ist allerdings eine gewisse Geräuschentwicklung während des Absaugvorganges. Die Absaugwirkung wird durch ein verlängertes und verengtes Abflußrohr im Klosettkörper bewirkt, aus speziell konstruierten Wassertaschen wird der Geruchsverschluß nach dem Absaugevorgang wieder mit frischem Wasser gefüllt.

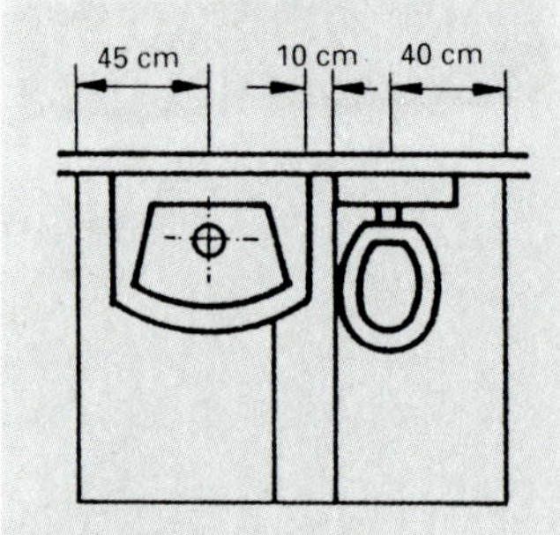

Abb. 1

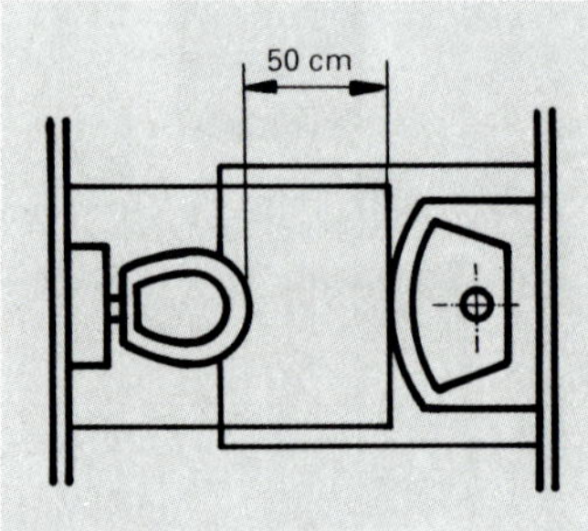

Abb. 2

Für das Klosett benötigen Sie sowohl einen Wasserzufluß als auch einen Wasserabfluß. Beides ist im Badezimmer (wo sich das Klosett meistens befindet) und auch in der separaten Toilette vorhanden. Bei einer Neuinstallation prüfen Sie, ob Sie das für den Abfluß notwendige Fallrohr auf möglichst kurzer Strecke erreichen können, der Wasserzufluß ist nicht so problematisch, er läßt sich leicht verlängern.
Wie bei allen anderen Sanitäreinrichtungen müssen Sie auch beim Klosett Freiräume vorsehen, damit es bequem und störungsfrei benutzt werden kann. Der Mindestabstand zu einer seitlichen Wand soll 40 cm, zu einer anderen Sanitäreinrichtung 10 cm betragen ❶, nach vorn hin ist ein Freiraum von mindestens 50 cm notwendig ❷.

Klosettbecken aufstellen, Abfluß anschließen

Sie benötigen folgendes Werkzeug und Material:

- Bohrmaschine
- Schraubendreher
- Wasserwaage
- Schrauben
- Fliesenkitt
- Silikonmasse

Die Arbeitsschritte:

- Übergangsstück anschließen
- Klosettbecken aufstellen
- Klosettbecken festschrauben

Egal, ob Sie ein neues Klosettbecken aufstellen oder das alte austauschen: Sie sollten immer Abflußübergangsstücke aus Kunststoff verwenden. Sie sind leicht zu installieren und mit ihren glatten Innenwänden äußerst hygienisch.
Es gibt sie mit entsprechenden Spülrohrverbindern aus Gummi für Anschlüsse an Stein-, Eisen-, Blei- oder Kunststoffrohre. Es sind Radien für alle möglichen Winkelanschlüsse, dazu Verlängerungen und Übergänge zu verschiedenen Rohrdurchmessern erhältlich.
Das Übergangsstück wird in das Abflußrohr (dies kann sich in der Wand oder, wie

Abb. 3

Abb. 4

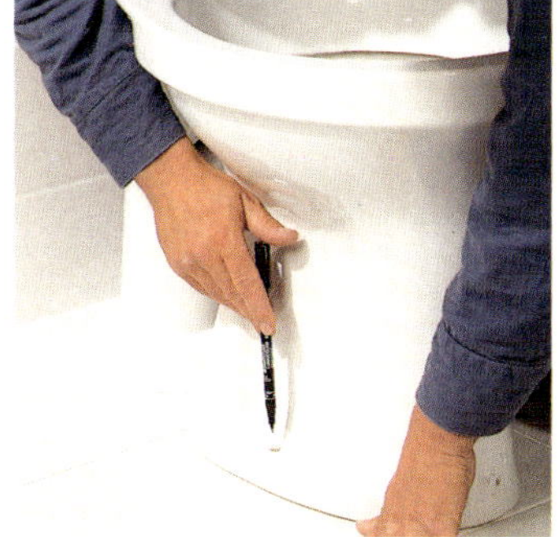

Abb. 5

in unserem Falle, im Boden befinden) gesteckt, eine Manschette sorgt für einen sauberen Übergang. Die Öffnung mit der Gummilippe zeigt zum Klosettbecken. Stecken Sie das Übergangsstück nur provisorisch ein ❸, und stellen Sie dann das Klosettbecken davor.

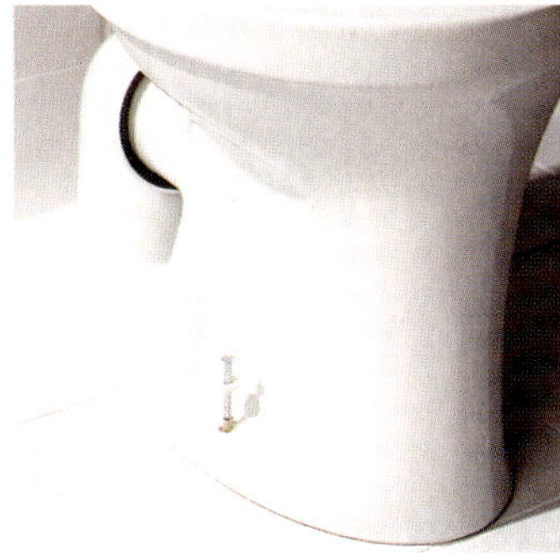

Abb. 6

Abb. 7

Jetzt messen Sie ❹ die Anschlagtiefe (etwa 5 cm), um die der Stutzen des Beckens in den Anschluß hineinragen soll, und markieren dieses Maß mit einem Fettstift (der läßt sich später abwischen) auf dem Becken.
Das Becken wird jetzt in Position geschoben, dann markieren Sie die Bohrlöcher ❺ und bohren nach Beiseitestellen des Beckens die Löcher.
Wenn Sie jetzt das Becken endgültig aufstellen, kontrollieren Sie mit der Wasserwaage, ob das Becken auch wirklich eben steht. Ist dies nicht der Fall, gleichen Sie mit ein wenig Fliesenkitt aus. Der Ausgleich soll immer als vollflächiges Kittbett angelegt werden, wenn Sie nur punktuell Unterlegstücke untersetzen, könnte das Becken bei Belastung brechen.
Ein direkter Kontakt zwischen Becken und Schraube ist aus denselben Gründen zu vermeiden, ein Zwischenring aus Kunststoff ❻ vermeidet, daß die Metallschraube das Becken sprengt, wenn sie angezogen wird.
Am fertig aufgestellten Becken dichten Sie in jedem Falle zum Boden hin ❼ die Fuge ringsum mit Silikonmasse ab. So wird zuverlässig vermieden, daß bei einer Beschädigung der Beckentasse der Inhalt zwischen Becken und Boden austreten kann.

Spülkasten montieren

Sie benötigen folgendes Werkzeug:

- Zollstock
- Bohrmaschine
- Schraubendreher
- Wasserwaage
- Maulschlüssel bzw. Armaturenzange

Die Arbeitsschritte:

- Position anreißen
- Ablaufrohr installieren
- Spülkasten aufhängen
- Wasserzulauf installieren (Wasserzulauf und Eckventil verbinden)

Spülkästen werden heute allgemein nur noch als Tiefspülkästen an der Wand hinter dem Klosett angebaut. Sie liegen unmittelbar über dem Klosett. Zulauf, Stop- und Entleerungsmechanik sind bei Kästen moderner Bauart fein justierbar. Der

Kasten sollte innen mit einer Schaumstoffeinlage gegen Schall und Schwitzwasser isoliert sein.
Der Kasten sollte so positioniert werden, daß das Wasser optimal abfließen kann, damit eine gründliche Spülung erreicht wird.
Der Spülkasten wird so montiert, daß das Spülrohr möglichst gerade in das Klosett einläuft, Umlenkungen verringern die Fallgeschwindigkeit des Wassers und damit die Spülkraft.
Wenn immer möglich, sollten Wasserzulauf und Eckventil der Wasserleitung auf einer Ebene liegen, die beste Position für den Wassereinlauf in den Spülkasten ist die Mitte hinten. Dies ist jedoch nicht immer möglich und so bieten alle Hersteller die wahlweise Möglichkeit der Wasserzulaufmontage links, rechts und in der Mitte an.
Das entscheidende Maß für die Montagehöhe des Spülkastens ist die Distanz zwischen Kastenboden und Klosettbeckeneinlauf: sie beträgt – je nach Hersteller – zwischen 12 und 20 cm.
Am besten setzen Sie das Ablaufrohr in den Spülkasten und balancieren ihn auf dem Knie ❶. So können Sie die Montagehöhe exakt abmessen, eine aufgelegte Wasserwaage garantiert die Waagerechte.
Für die richtige Position kleben Sie ein Abdeckband auf die Wasserwaage und markieren darauf die Mitte und die beiden Bohrlochpunkte links und rechts ❷, dann übertragen Sie das Maß auf die Wand ❸. Jetzt das Spülrohr wieder vom Kasten abnehmen, in der Länge zum Klosettbecken auf das richtige Maß kürzen und am Klosettbecken montieren.
Jetzt wird der Spülkasten auf das Spülrohr gesetzt ❹ und dann an die Befestigungsschrauben gehängt. Überprüfen Sie, ob alles spielfrei sitzt und die Gummidichtung richtig paßt, dann drehen Sie die Überwurfmutter unter dem Kasten fest und stellen so die Verbindung her.
Ganz zum Schluß werden Wasserzulauf und Eckventil in der Wand mit einem Kupferrohr verbunden ❺. Das geschieht wiederum mit Quetschverbindern, achten Sie auf die richtige Reihenfolge der Dichtungen. Das Kupferrohr muß individuell hingebogen werden, nehmen Sie dazu vorher mit einem Draht eine Schablone ab (siehe auch Abschnitt »Kupferrohr verarbeiten«, »Biegen«).

Abb. 1

Abb. 2

Abb. 3

Abb. 4

Abb. 5

Hochhängenden Spülkasten durch Tiefspülkasten ersetzen

Sie benötigen folgendes Werkzeug:

- Eisensäge
- Rohrschneide- und Biegewerkzeug
- Maulschlüssel oder Armaturenzange
- Bohrmaschine
- Schraubendreher

Die Arbeitsschritte:

- Eckventil schließen
- Kasten abnehmen
- neuen Kasten montieren
- Wasserleitung zum neuen Kasten führen

Hochhängende Spülkästen sind heute fast nicht mehr anzutreffen, früher waren sie allgemein üblich. Viele Gründe sprechen dafür, einen hochhängenden Spülkasten gegen einen Tiefspülkasten auszutauschen. Hochhängende Spülkästen haben – weil es sich fast immer um ältere Sanitäreinrichtungen handelt – das früher übliche Fassungsvermögen von 12 Litern, durch das lange Fallrohr aber ziehen Sie je Spülvorgang etwa 14 Liter. Die Geräuschbelästigung durch das lange, oft nicht schallgedämmte Fallrohr, ist groß. Hinzu kommt der laute Wassereinlauf in die oben offenen Kästen. Die offene Bauweise ermöglicht auch eine gewisse Verschmutzung, Lichteinfall führt zu verstärkter Algenbildung. An den nichtisolierten, oft metallischen Kastenwänden schlägt sich infolge der Temperaturdifferenz zwischen dem mit kaltem Wasser gefüllten Kasten und der doch recht warmen und feuchten Luft im Badezimmer viel Feuchtigkeit nieder, die ins Mauerwerk gelangen kann.
Erster Arbeitsschritt ist auch hier wieder das Zudrehen des Eckventils, dann ziehen Sie an der Strippe und lassen den Kasten ein letztes Mal leerlaufen.
Jetzt lösen Sie das Fallrohr des Wasserablaufs, und zwar zunächst am Kasten und dann am Klosettbecken. Sind Sie nicht ganz sicher, ob das ganze Wasser aus dem Rohr abgelaufen ist, können Sie es entweder so kippen, daß das Knie höher kommt und eventuelles Restwasser ins Klosettbecken läuft, oder Sie kippen es so, daß das Knie tiefer kommt (jetzt sammelt sich hier eventuelles Restwasser), dann ziehen Sie es ab und gießen das Restwasser aus.
Die oft sehr massiven, in die Wand eingemauerten Kastenträger, aber auch eingerostete, festsitzende, schwer lösbare Schrauben trennen Sie einfach mit der Eisensäge oder mit einem Elektrofuchsschwanz ❶ ab. Das Sägeblatt des Elektrofuchsschwanzes ist elastisch, Sie können also bündig abtrennen und brauchen später nicht zu verschleifen.
Der Wasserzulauf wird vom alten Eckventil abgenommen. Dazu biegen Sie ein Kupferrohr möglichst geradlinig und ohne viele Umlenkungen (niemand verlangt hier ein Kunstwerk von Ihnen), schließen oben und unten mit Quetschverbindern an ❷ + ❸ und sichern es mit Rohrschellen.

Abb. 1

Abb. 2

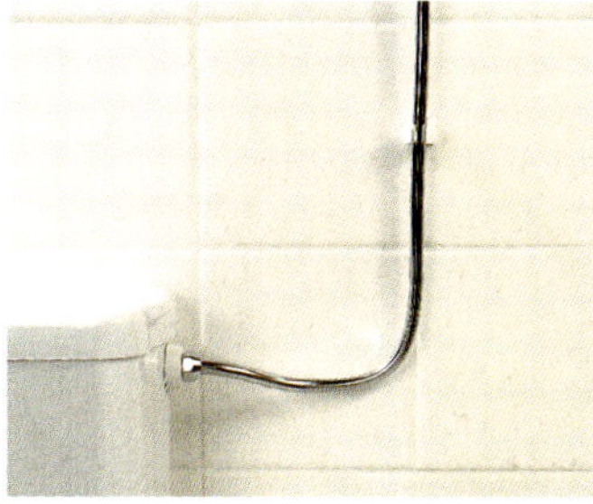

Abb. 3

Wasser sparen

Der Hauptspareffekt bei der Klosettspülung liegt in der Begrenzung der Spülmenge. Für Urin reichen 2–3 Liter zur gründlichen Spülung aus, bei Fäkalien sind in jedem Falle 6 Liter nötig.
Moderne Spülkästen bieten durch ihre Spartaste die Möglichkeit, den Spülfluß zu unterbrechen, bei Spülkästen alter Konstruktion ist dies nicht möglich.
Dazu gibt es unterschiedlich konstruierte Auslösehebel mit Unterbrecherfunktion.
Die Bedienart ist prinzipiell immer die gleiche: wird der Hebel nur einmal gedrückt, fließt die gesamte Menge aus dem Kasten, wird er ein zweites Mal gedrückt bzw. gegengehalten, wird der Spülfluß unterbrochen.
Gewichte, die das Auslaufventil (allgemein als Glocke bezeichnet) beschweren, wie Sie in den Anfängen des Wassersparens angeboten wurden ❶ und ❷ sind nicht empfehlenswert.
Der Auslösehebel muß bei Abforderung der vollen Spülmenge ständig gedrückt gehalten werden, was unter Umständen vergessen wird. Das hohe Fallgewicht schädigt auf Dauer die Mechanik und die Dichtung des Auslaufventils; der Spareffekt hat negative Folgen, eine Reparatur oder ein neuer Kasten sind fällig.
Moderne Spülkästen haben eine Füllmenge von 6–9 Liter. Die Zuflußmenge wird von der Position des Absperrventils beeinflußt und kann reguliert werden. Die Schaumstoffschwimmer, die die früher üblichen Hohlkörper mit ihren langen, oft verhakenden Übertragungshebeln abgelöst haben, sind durch kleine seitlich angebrachte Schraubstangen ❸ in der Höhe verstellbar. Auf diese Weise richten Sie die Füllmenge des Kasten nach Ihrem eigenen Bedarf ein.

Abb. 1

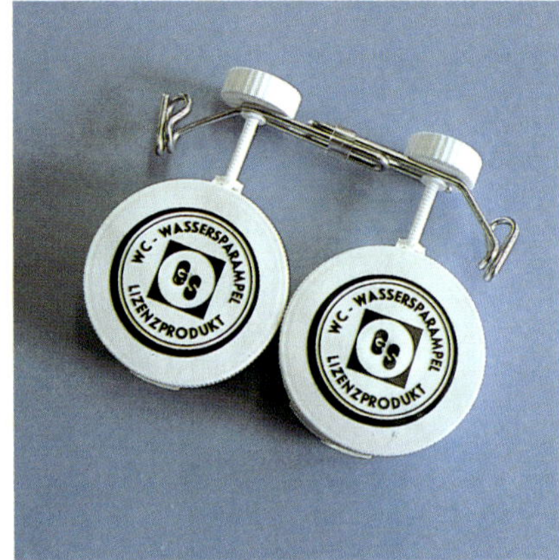

Abb. 2

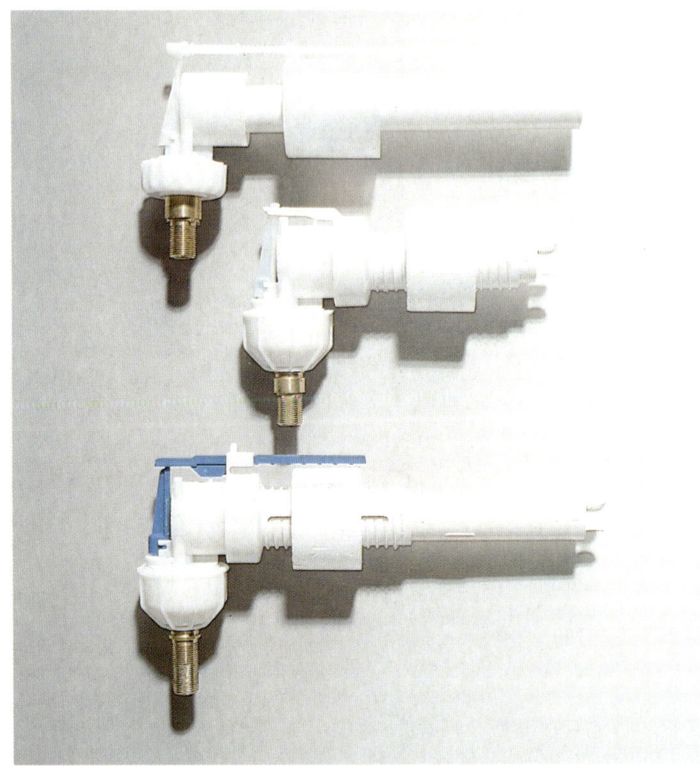

Abb. 3

Die Vorwandinstallation

Wandhängende Montage

Flach und unauffällig, außerdem komfortabel, schallgedämmt und pflegeleicht – die Vorwandinstallation hat nur Vorteile. Es ist wirklich nur das zu sehen, was gebraucht wird, das speziell im Abflußbereich mitunter häßlich wirkende Gewirr von Leitungen entfällt: ganz gleich, ob es sich um WC-Becken mit Spülbetätigung, Waschbecken, Badewanne und Dusche mit Armaturen handelt – alle Zu- und Ableitungen sind hinter der Fliesenfront verborgen ❶.

Bei einer nachträglichen Installation ist eine Vorwandanlage oft sogar die beste Lösung: nicht immer können und dürfen Wände für Wasserzu- und -abflüsse, die neu verlegt werden sollen, aufgestemmt werden.

Platznachteile gibt es trotz der doppelten Wand, hinter der alle Leitungen verborgen sind, nicht: sie muß nur 17 bis maximal 25 cm breit sein. Diese Tiefe aber nimmt auch der normale wandmontierte Spülkasten ein, der hinter dem WC-Becken – sichtbar und oft störend – angebracht ist und um dessen Tiefe das WC-Standbecken in den Raum vorrücken muß.

Es ergibt sich noch ein weiterer, praktischer Vorteil: der kleine Sims des Wandvorsprunges ist eine willkommene Ablage. Außerdem können Sie das Vorwandinstallationselement mit Doppelanschluß zwischen Dusche und Badewanne gleichzei-

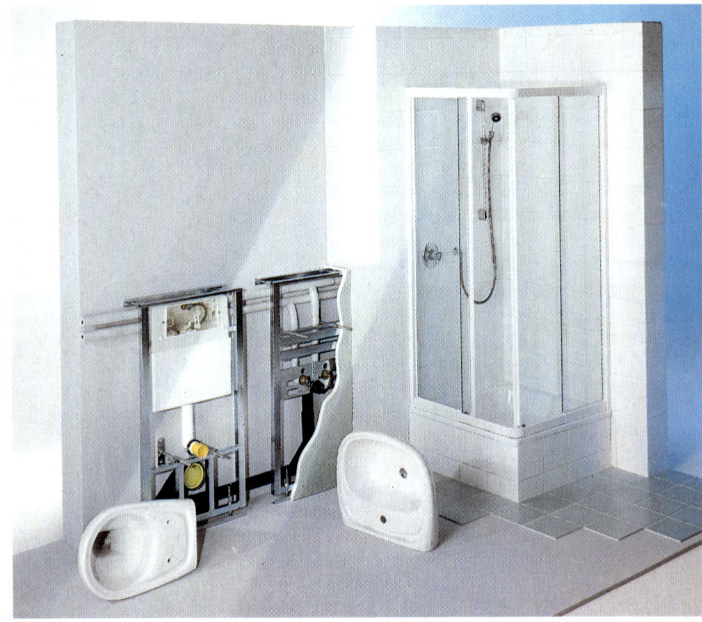

Abb. 1

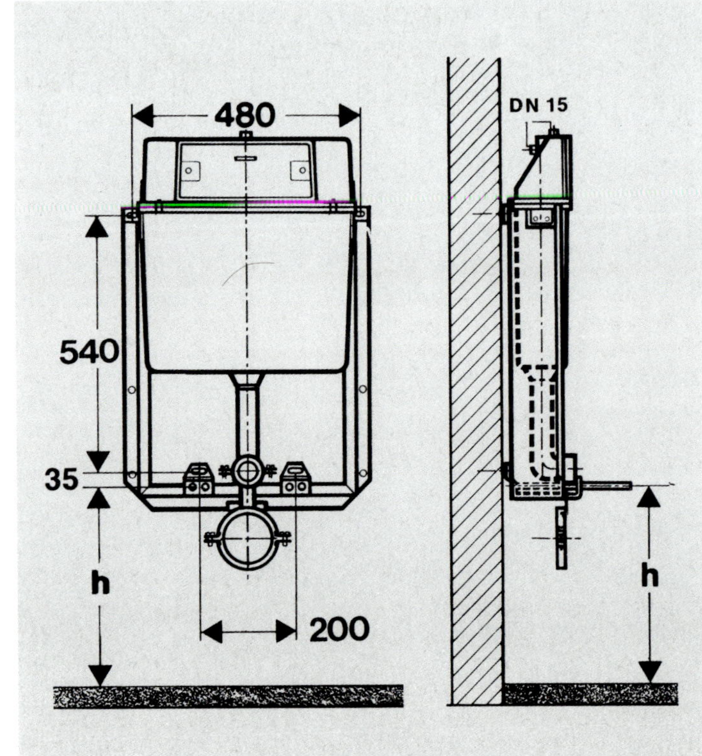

Abb. 2

tig als Trennwand nutzen. Vorwandinstallationssets werden direkt an die Wand gehängt oder auf stabilen Ständern davor aufgestellt und zusätzlich in der Wand verschraubt. Prüfen Sie also in jedem Falle, ob die Wand die entsprechende Tragfestigkeit hat.
Das entscheidende Montagemaß sind die Aufhängepunkte der Sanitärgegenstände, die von Hersteller zu Hersteller unterschiedlich sein können. Daraus ergibt sich die Höhe »h« für die Trägerstangen des Montagesets.
Für ein wandhängendes WC-Becken ist beispielsweise eine Oberkantenhöhe von 40 cm über dem Fertigfußboden ❷ ❸ vorgeschrieben. Das Montageset muß also so montiert werden, daß die Trägerstangen auf der Höhe der Position »h« liegen. Die Schraubpunkte für die unteren Wandbefestigungen liegen 3,5 cm darüber, die der oberen Wandbefestigungen 54 cm über diesen. Die oberen Schraubpunkte haben einen Achsabstand von 48 cm, die unteren liegen 20 cm auseinander. Es können aber unten durch die Langlöcher geringfügige Differenzen ausgeglichen werden.
Weiterhin wichtig sind die Installationsmaße »P1« und »P2« für Spülrohr- und Abflußrohranschluß, das WC-Becken muß diesen Maßen entsprechen. Der Achsabstand der Aufhängepunkte »n« kann durch entsprechendes Umsetzen der Trägerstangen zwischen 18 und 23 cm variieren.

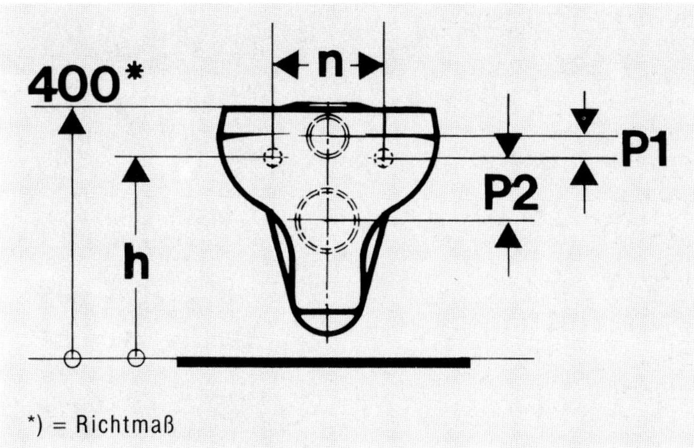

Abb. 3

Wandbekleidung

Grundsätzlich sollen wandhängende Montagesets durch entsprechende Vor- oder Einmauerung unterstützt werden – nicht nur aus Gründen besserer Standfestigkeit, sondern auch zur Schalldämmung.
Das Schallproblem wird immer dann wichtig, wenn die Wand, an der Sie das Montageset befestigen wollen, an einen fremden Wohnraum angrenzt. Zwei Geräuschquellen sind zu dämmen: der Schall im Spülkasten, der durch das Einlaufventil und den Auslauf verursacht wird, und der WC-Abfluß.
Grundsätzlich ist darauf zu achten, daß die Wasserzu- und Abflußleitungen mit schallgedämmten Rohrschellen verlegt werden und möglichst »kurze« Wege gewählt werden.
In der DIN 4109 ist festgelegt, daß zu einem angrenzenden fremden Wohnraum nur dann ein ausreichender Schallschutz gewährleistet ist, wenn diese Wand einschließlich Putz eine flächenbezogene Masse von mindestens 220 kg/m² aufweist.
Andere Wandkonstruktionen sind zugelassen, wenn der rechnerische Nachweis des Schallschutzes nach DIN 4109 erbracht wird.
Im privaten Einzelhaus, wo man keine direkten Nachbarn hat, ist diese Frage nicht so sehr von Interesse, Bewohner von Mehrfamilienhäusern müssen sich beim Architekten oder beim Hauswirt informieren.
Eine typische Rohbausituation für die Montage an einer noch unverputzten Wand.
Für diese massive Verkleidungsart ❹ ist zu beachten, daß die bestehende Wand eine Mindestdicke von 11,5 cm hat, um Mauersteine (Blähton oder Gasbeton) und Montageset zu tragen. Auch der Raum im Kastenrahmen ist zu füllen, der Rahmen selbst soll voll untermauert werden.
Die Lösung Vormauern sollten Sie dann wählen, wenn das Montageset hinter einer raumhohen Wand ver-

schwinden soll ❺ und die Spülung durch eine Fernbedienung ausgelöst wird. Der Spülwasserzulauf und -ablauf sind um die Wanddicke zu verlängern. Im Bereich der Gewindestangen soll das Montageset direkt an der Vormauerwand anliegen.
Ein- und Vormauern ist die gebräuchlichste Montageart ❻. Das Montageset wird im unteren Bereich durch Mauersteine unterfangen und abgestützt, davor wird eine Gipskartonplatte hochgezogen. Auch die Gipskartonplatte muß im Bereich der Gewindestangen direkt am Montageset anliegen.

Wandmontage und Installation

Sie benötigen folgendes Werkzeug:

- Maurerwerkzeug
- Bohrmaschine
- Schraubendreher

Die Arbeitsschritte:

- Position bestimmen und anreißen
- ggf. Wasserzu- und -abfluß installieren
- Montageset montieren
- Montageset installieren
- Ausmauern
- Justieren

Weil das Maß »h«, die Position der Gewindeschrauben für die Beckenaufhängung, von entscheidender Bedeutung ist, müssen Sie bei einer Rohbausituation das Niveau des Fertigfußbodens ermitteln, um die Oberkantenhöhe des Beckens von 40 cm zu errechnen. Beim

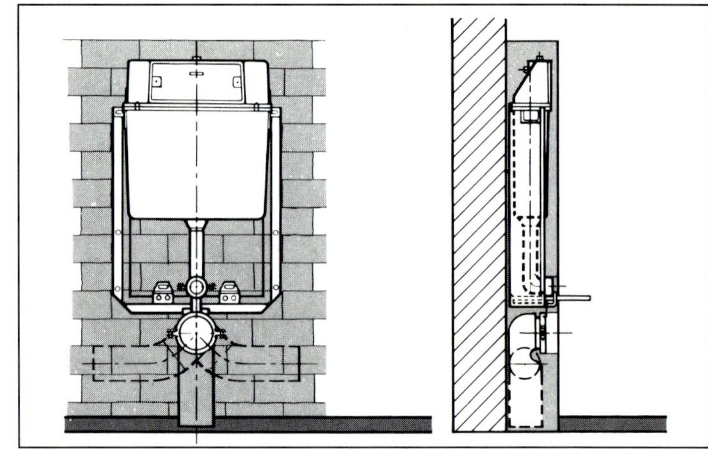

Abb. 4

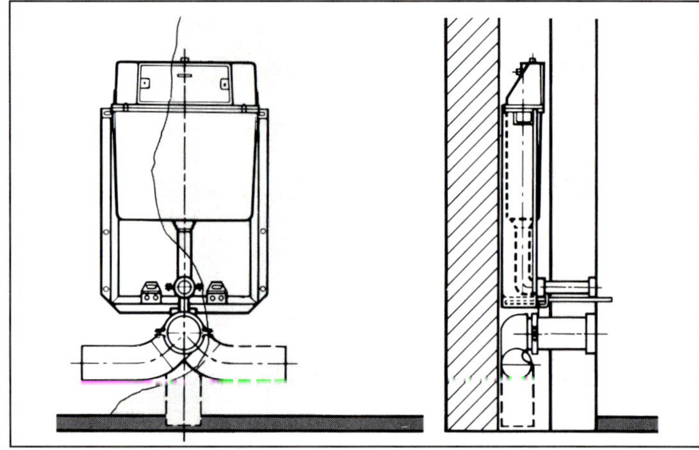

Abb. 5

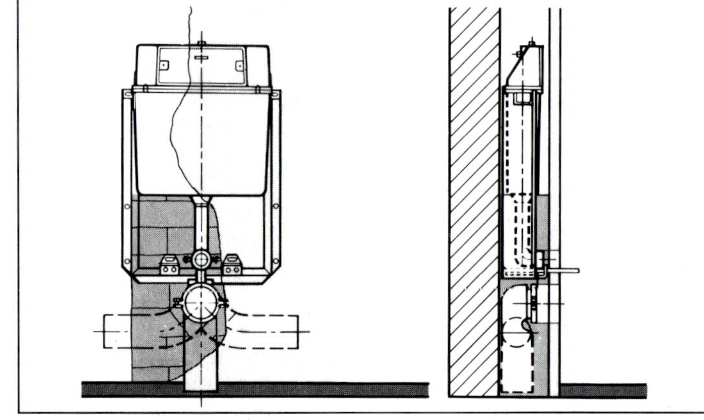

Abb. 6

Abb. 7

Abb. 8

Abb. 9

Abb. 10

nachträglichen Einbau wird vom bestehenden Fertigfußboden ausgegangen.
Dieses ermittelte Maß bestimmt auch die Installation von Wasserzu- und -abflußleitungen. Die Arbeit ist einfach und unkompliziert, weil ja auf der Wand verlegt wird. Allerdings müssen Sie bei der Wasserzuleitung die entsprechende Steigung zur Entnahmestelle (Spülkasteneinlauf) und bei der Abwasserleitung das entsprechende Gefälle berücksichtigen. Wandschellen und Wandscheibe sollten schallisoliert sein.
Kontrollieren Sie bei der Montage des Installationssets unbedingt mit der Wasserwaage die waagerechte Position der Gewindeträgerstangen, damit ist auch der Spülkasten automatisch ausgerichtet, und Sie brauchen sich nicht mehr darum zu kümmern.

Das am Kasten angebrachte Abflußrohr wird jetzt in den Wandabfluß gesteckt, oben soll die Wandscheibe durch den Ausschnitt in der Rückwand herausragen; nochmals mit der Wasserwaage kontrollieren, dann festschrauben.
Jetzt setzen Sie die Unterstützungssteine ❼ und führen dann den Wasseranschluß aus. Es bestehen zwei Möglichkeiten: von oben oder von der Rückseite. Der Anschluß von oben erfordert entsprechend mehr Höhe, dafür können Sie aber die Wasserleitung auch erst nach Montage des Kastens installieren, was die Maßarbeit sehr vereinfacht.
Für den Anschluß von der Rückseite muß die Leitung bereits vor Ort sein. In beiden Fällen wird ein ganz normales Eckventil in die Wandscheibe eingedreht, es soll aber immer in den Kasten hineinragen, damit es später nach Abnehmen der Frontplatte bedient werden kann. Eine flexible Panzerschlauchleitung mit Quetschverbinder ❽ erlaubt den Anschluß des Spülkastens in alle möglichen Richtungen.

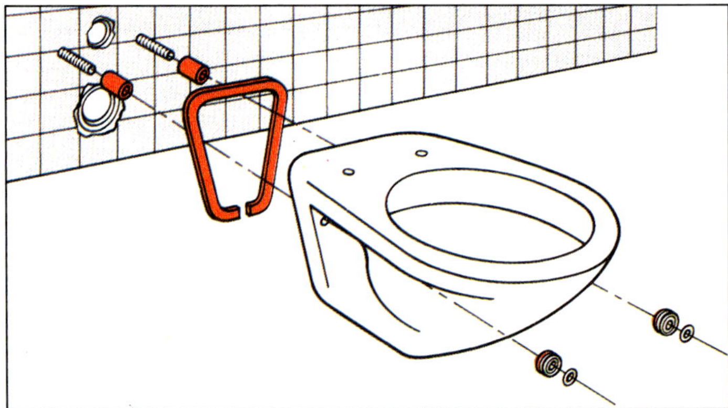

Abb. 11

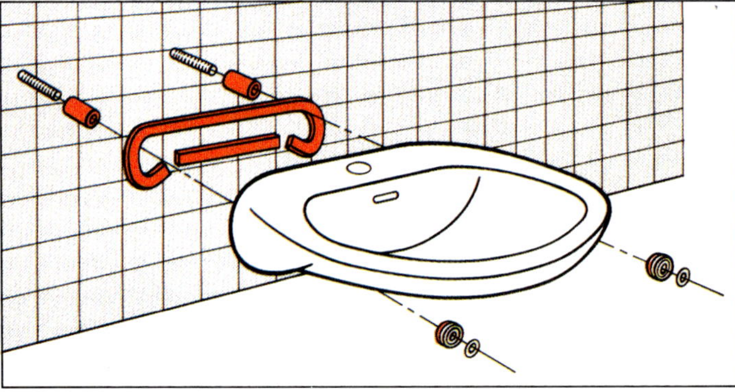

Abb. 12

Für eine erste trockene Funktionsprobe justieren ❾ Sie jetzt die Übertragungsstäbe des Auslösers und probieren dasselbe nochmals mit vorgesetzter Revisionsplatte.

Becken vorsetzen

Für eine erste Funktionsprobe setzen Sie das Becken an ❿, bevor die Wand verkleidet wurde. Achten Sie auf den festen Sitz der Schrauben und die Dichtigkeit von Wasserein- und -ablauf.
Wenn alles bestens funktioniert, wird das Eckventil zugedreht und der Spülmechanismus noch einmal betätigt, um den Spülkasten zu entleeren. Dann das Becken abnehmen und den Siphon vorsichtig entleeren.
Die Wand wird jetzt fertig verputzt oder mit Gipskartonplatten verkleidet und dann verfliest. Darauf kann das Becken endgültig vorgesetzt werden.
Gerade hier aber ist eine letzte Schallschutzmaßnahme notwendig: Die Hersteller bieten komplette Schallschutzsets ⓫ und ⓬ an, die eine Schallübertragung sowohl über die Aufhängung als auch über den Wandkontakt verhindern. Das Set besteht aus selbstklebendem Schallschutzband, aus Gummihülsen und aus Unterlegscheiben mit Gummiauflage.
Ideal für den nachträglichen Einbau ist die Vorwandmontage mit selbsttragendem Rahmen. Selbsttragende Sanitärelemente werden komplett im Rahmen mit Wand- und Bodenschiene geliefert. Diese brauchen nur noch positioniert und an Wand und Boden festgeschraubt werden, dann können Sie das gesamte Objekt vorsetzen und ausrichten.
Die Elemente sind so konstruiert, daß der Wandabstand zwischen 17 und 25 cm differieren kann. Durch den selbsttragenden Rahmen ist eine Untermauerung nicht nötig. Für Altbauten gibt es ein Distanzset, das auch Wandabstände von bis zu 40 cm überbrückt. Das erlaubt den Abflußanschluß für vorhandene Bodenabgänge mit einer Entfernung von bis zu 30 cm von der Wand.
Alle Anschlüsse werden ebenso ausgeführt wie bei wandhängenden Montagesets, für die Verkleidung sind Gipskartonplatten vorgesehen, die zum Schluß verfliest werden.

Reparaturen und Wassersparen

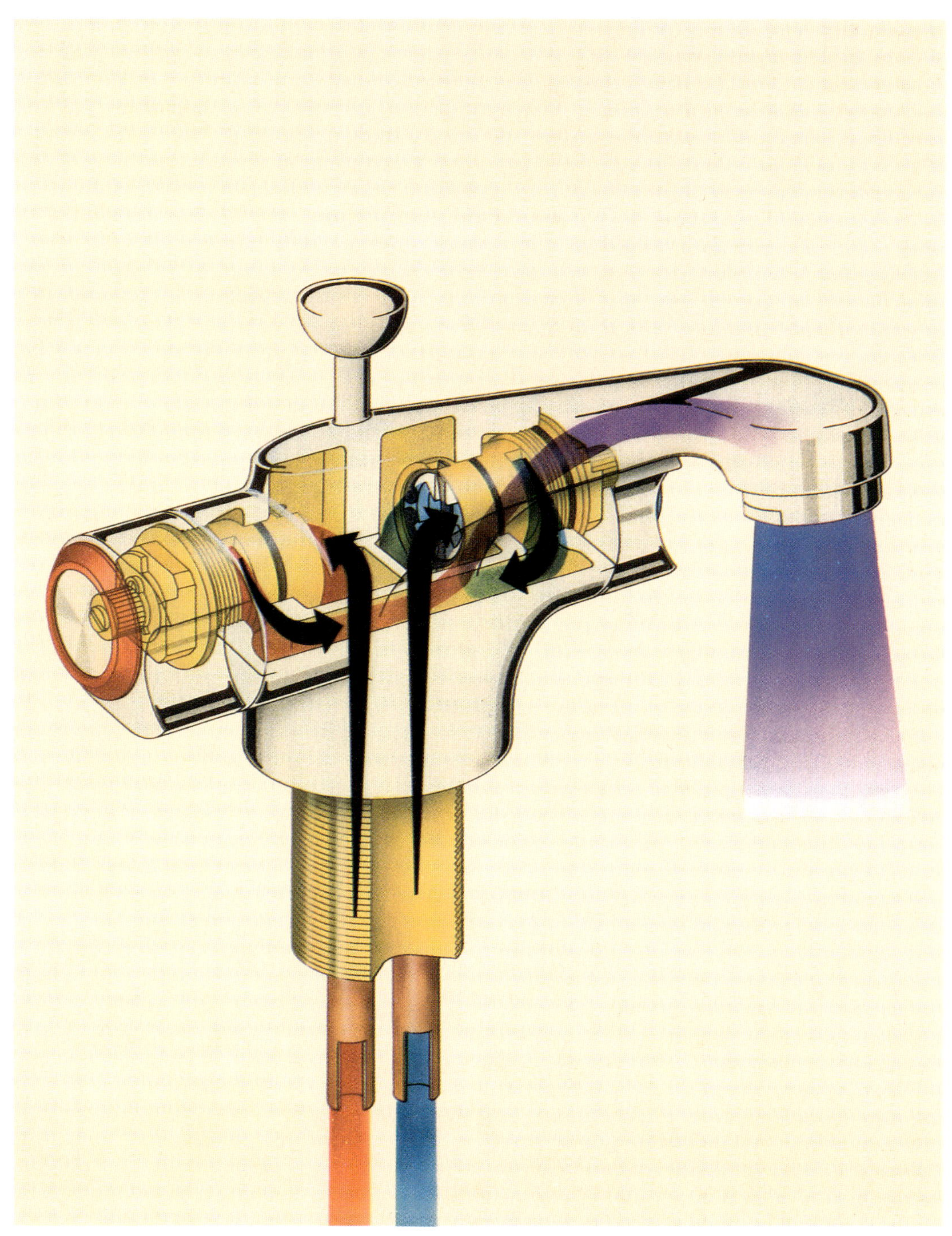

Armaturen

Moderne Armaturen haben einen hohen Bedienungskomfort, sind nahezu wartungsfrei und äußerst verschleißarm.
Das liegt daran, daß diese elegant und griffgünstig geformten chromblitzenden Schönheiten auf die früher üblichen Gummidichtungen nahezu ganz verzichten.
Ihr Geheimnis liegt in der hohen Präzision, mit der sie gefertigt werden.
Der Umgang mit den schicken und teilweise auch teuren Zapf- und Mischapparaten sollte schonend sein, damit die makellose Haut nicht verletzt wird: Setzen Sie nur Armaturenzangen an.

Keramische Scheiben

Das Innenleben einer Armatur ❶ zeigt sich nach Lösen des Kombihebels (dazu gibt es irgendwo – meistens an verdeckter Stelle – eine kleine Madenschraube, die herausgedreht werden muß) als ein tonnenförmiges Zweckgebilde ❷ aus Keramik mit einem darin eingelassenen Vierkantstift aus Edelstahl.
Zwei Keramikscheiben bilden den Schließmechanismus.
Die Scheiben sind exakt aufeinander abgestimmt, mit einer Genauigkeit von etwa 0,0006 mm plangeschliffen und von diamantener Oberflächenhärte.
Schmutzpartikel wie Sandkörner, Stahlspäne und lose Rostpartikel können diesen Scheiben nichts anhaben, sie werden zermahlen – eine Abnutzung gibt es nicht.
So werden Sie, wenn Sie die Mischbatterie öffnen, auch nur in den Armaturdurchgängen, dem Metallgehäuse selbst, Verunreinigungen entdecken, die natürlich zu beseitigen sind. Ein eventuell nötiges Entkalkerbad kann sich ebenfalls nur auf dieses Teil beschränken.
Die Keramikscheiben können unterschiedlich geformt sein, das Funktionsprinzip liegt in der Verschiebung zueinander; die Abfolge ist dann: »zu« ❸, »halb« ❹ und »offen« ❺ mit voller Durchflußleistung.
Mit der Einhebelmischbatterie regulieren Sie Warm- und Kaltwasserdurchfluß gleichzeitig, Zweihebelarmaturen haben gesonderte Scheiben, durch die das Wasser in die Mischkammer der Armatur strömt und dann durch den Ausfluß austritt.

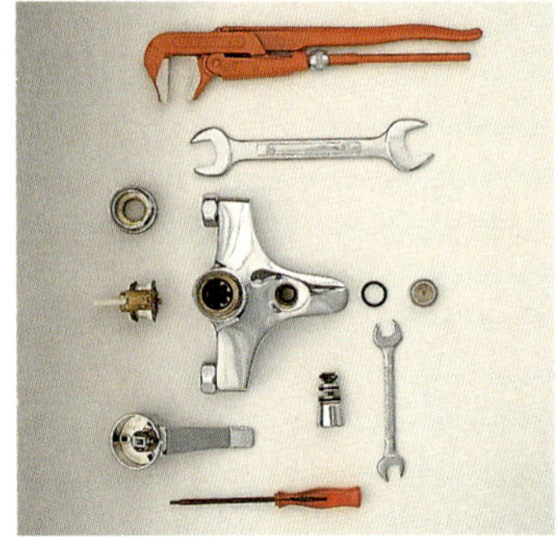
Abb. 1

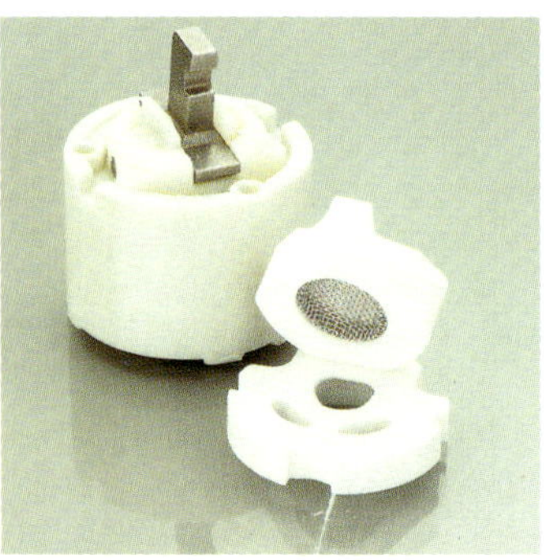
Abb. 2

Abb. 3

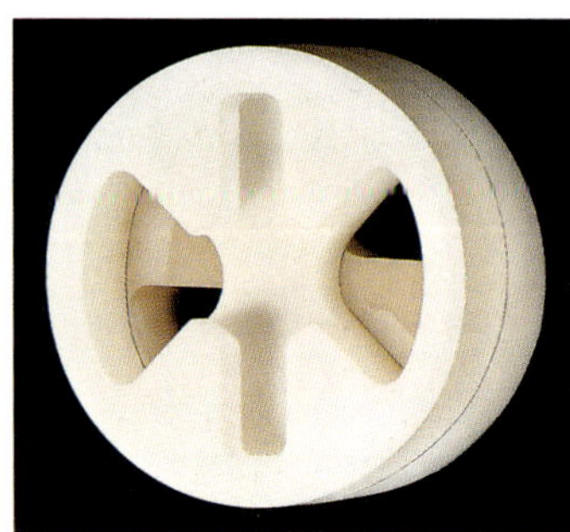
Abb. 4

Abb. 5

Ventile pflegen, Dichtungen wechseln

<u>Sie benötigen folgendes Werkzeug:</u>
- Schraubenschlüssel
- Messingdrahtbürste
- Ventilsitzfräser

Abb. 1

Abb. 2

Abb. 3

Die Arbeitsschritte:

- Ventilschaft reinigen und fetten
- Hahnspindel ausbauen
- reinigen
- Dichtungen wechseln
- Ventilsitz nachfräsen
- fetten

Es ist sinnvoll, in gewissen Zeitabständen alle Absperrventile im Leitungsnetz zu überprüfen. Wenn sich Feuchtigkeit am Ventilschaft niederschlägt, kann dies – beispielsweise beim Absperrventil für den Gartenwasserhahn – an der Temperaturdifferenz zwischem dem kalten Wasser und der wärmeren Außentemperatur liegen. Quillt das Wasser hervor, muß die Stopfbuchsenmutter gereinigt und/oder die Dichtung gewechselt werden.
Dazu ist es nicht notwendig, das Ventil auszubauen. Lösen Sie die Stopfbuchsenmutter ❶ so weit, bis das saubere Gewindeteil zu sehen ist. Jetzt entfernen Sie Schmutz und Kalkablagerungen mit der Messingbürste ❷, geben Armaturenfett auf das Gewinde ❸ und drehen die Mutter wieder fest.
Zum Wechseln der Dichtung muß das Ventil ausgebaut werden. Dazu schließen Sie zuerst das nächstliegende Absperrventil.
Der Ventilgriff läßt sich in den meisten Fällen abziehen, mitunter muß aber zuvor eine Sicherungsschraube gelöst werden. Dann wird der Schraubenschlüssel angesetzt und das Ventil herausgedreht ❹, Kratzer sind hier unerheblich, weil der Griff später alles abdeckt.
Die Dichtung selbst sitzt auf dem Dichtungskegel, der mit einer Schraube gesichert ist. Nach Lösen dieser Schraube können Sie die Dichtung wechseln ❺.
Kalkablagerungen am Innengewinde entfernen Sie mit dem Ventilsitzfräser ❻, dabei ist wichtig, bis zum Anschlag zu arbeiten, weil Kalkablagerungen an dieser Stelle zu Undichtigkeiten führen. Vor dem Zusammenbau bestreichen Sie das Gewinde mit Hahnfett, das ist ein guter Korrosionsschutz.

Abb. 4

Abb. 5

Abb. 6

Wasser sparen – aber richtig

Eine Person verbraucht heute im Durchschnitt etwa 140 Liter Wasser täglich, wovon lediglich drei bis sechs Liter als Trinkwasser direkt (Tee, Kaffee, Wassertrinken) oder indirekt (für die Zubereitung von Speisen) Verwendung finden – der Rest wird hauptsächlich durch die Toilette gespült und als Waschwasser für die Körperreinigung genutzt.
Das sind – bezogen auf die Gesamtbevölkerung – enorme Mengen, die jeden Tag von den Wasserwerken in bester Trinkwasserqualität zur Verfügung gestellt, entsorgt und wieder aufbereitet werden müssen. Minderwertiges Wasser darf nicht geliefert werden, weil es nur ein Leitungssystem zu den Haushalten gibt, aus dem auch für Lebensmittel Trinkwasser entnommen wird.
Es ist zur Schonung der Trinkwasserreserven wie auch aus finanziellen Gründen sinnvoll, beim Brauchwasser zu sparen.
Erreicht wird der Spareffekt mit Sparstrahlreglern und Durchflußmengenbegrenzern, die zwischen Absperr- bzw. Mischventil und Wasserauslauf gesetzt werden. Beide Geräte reduzieren die Durchflußmenge um die Hälfte.
Der Durchflußbegrenzer ❶ gleicht zudem unterschiedliche Wasserdrücke aus und liefert sowohl im Erdgeschoß sowie im dritten Stock die gleiche Durchflußmenge. Ein eingearbeitetes Formteil aus Silikon verringert bei steigendem Wasserdruck seinen Innendurchmesser und begrenzt dadurch den Wasserdurchfluß.
Der Wasserstrahl selbst wird durch die Anordnung der Düsen im Wasseraustritt angenehm weich und auch bei wechselnden Drücken in immer gleicher Breite geliefert – es bleibt beim gewohnten Duschkomfort, bei nur halbem Verbrauch.
Ebenfalls um die Hälfte begrenzen die Sparstrahlregler ❷ den Durchfluß. Sie sind preiswerter als die Durchflußbegrenzer, gleichen aber keine Wasserdruckschwankungen aus und liefern somit unterschiedliche Wassermengen. Sie sind deshalb für Waschtisch und Spüle geeignet, wo es nicht wie bei der Dusche auf einen gleichmäßigen Strahl ankommt.
Schnellschlußventile für den Brauseschlauch oder Tiphebelventile für die Spülarmatur, die sogenannten »automatischen Wasserstopps«, sind nicht zu verwenden.
Sie sperren die Leitungen schlagartig, dadurch werden Druckwellen im Netz erzeugt, die Löt- und Schraubverbindungen, Armaturen und Warmwasseraufbereitungsgeräte schädigen bzw. auf Dauer zerstören.
Duschstopps entsprechen auch nicht der DIN 1988, die vorschreibt, daß kaltes und erwärmtes Trinkwasser nur dann einen gemeinsamen Ausfluß haben dürfen, wenn ein Übertritt von Wasser aus der einen in die andere Leitung durch geeignete Funktionsteile wie z.B. Rückflußverhinderer ausgeschlossen ist. Beim Duschstopp ist dies ebensowenig der Fall wie beim Tipstopp, weil die Armatur davor auf eine bestimmte Mischtemperatur eingestellt wurde und ein Wasseraustausch jederzeit stattfindet.
Durchflußbegrenzer und Sparstrahlregler unterliegen übrigens auch der Schallverordnung für Armaturen nach DIN 4109 – nur solche Geräte dürfen eingebaut werden.

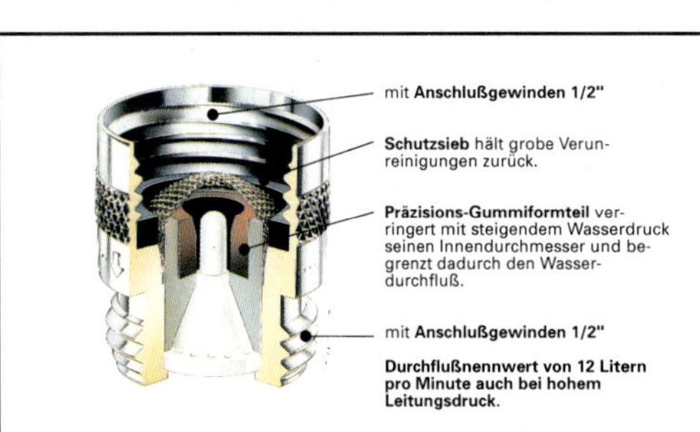
mit Anschlußgewinden 1/2"
Schutzsieb hält grobe Verunreinigungen zurück.
Präzisions-Gummiformteil verringert mit steigendem Wasserdruck seinen Innendurchmesser und begrenzt dadurch den Wasserdurchfluß.
mit Anschlußgewinden 1/2"
Durchflußnennwert von 12 Litern pro Minute auch bei hohem Leitungsdruck.

Abb. 1

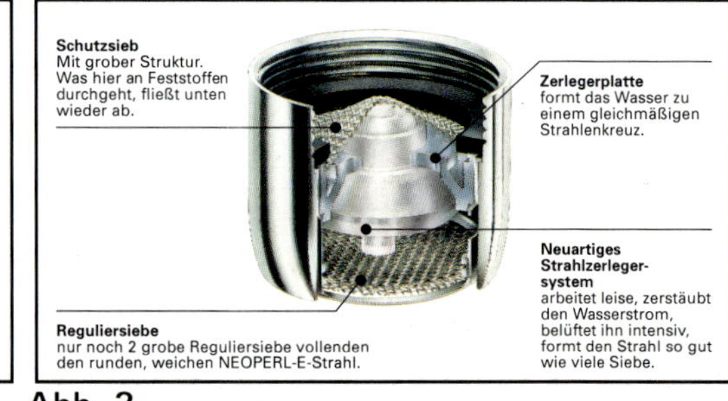
Schutzsieb
Mit grober Struktur. Was hier an Feststoffen durchgeht, fließt unten wieder ab.
Zerlegerplatte
formt das Wasser zu einem gleichmäßigen Strahlenkreuz.
Neuartiges Strahlzerleger-system
arbeitet leise, zerstäubt den Wasserstrom, belüftet ihn intensiv, formt den Strahl so gut wie viele Siebe.
Reguliersiebe
nur noch 2 grobe Reguliersiebe vollenden den runden, weichen NEOPERL-E-Strahl.

Abb. 2

Fliesen

Abb. 1

Abb. 2

Abb. 3

Fliesen haben eine glasharte Oberfläche und sind gegen Feuchtigkeit unempfindlich. Die Schwachpunkte einer verfliesten Wand sind die Fugen zwischen den Fliesen, der Anschluß zum Fußboden und der obere Abschluß.

Abb. 4

So gilt es, die Fugen in gewissen Zeitabständen zu kontrollieren, der Fugenkitt kann durch schnelle, hohe Temperaturwechsel oder durch Waschmittelablagerungen leicht porös werden oder herausbrechen.
Dann muß die Fuge so ausgekratzt werden (lockere Teile sind herauszunehmen), daß die Glasur der angrenzenden Fliesen auf keinen Fall beschädigt wird. Dazu gibt es geeignete Fugenreinigungssets im Handel. Danach wird ganz normal neu verfugt.

Fliesen bohren

Überlegen Sie sich, ob es wirklich richtig ist, immer zwischen zwei Fliesen oder im Kreuz zwischen vier Fliesen zu bohren. Fugen haben oft nur eine Breite von 3–5 mm. Für Sanitärzubehör wie Handtuchstangen, Spiegel, Zahnbecherhalter usw. werden normalerweise 6-mm-Dübellöcher gesetzt – da werden in einer 5-mm-Fuge beide Fliesen beschädigt. Besser ist es, immer nur eine

Abb. 5

Fliese, und zwar genau in der Mitte ❶, anzubohren. Damit der Bohrer nicht abrutscht, schützen Sie den Bohrpunkt mit einem Kreuz aus Klebeband, oder körnen Sie die Stelle vorsichtig an.

Fliese auswechseln

Wird die entsprechende Aufhängevorrichtung nicht mehr benötigt oder ist eine Fliese gesprungen, kann man sie schnell und leicht austauschen. Es ist ratsam, immer einen Restvorrat der Fliesensorte, die Sie verlegt haben, für eben diese Fälle aufzubewahren – bei Nachkäufen muß man mit Farbunterschieden rechnen.
Zunächst kratzen Sie ringsherum den Fugenkitt restlos aus, dann schlagen Sie die Fliese von der Mitte ausgehend mit dem Fliesenmeißel heraus ❷. Um ein gleichmäßig dickes Klebebett zu erzielen, tragen Sie den Fliesenkleber auf die Rückseite der Austauschfliese ❸ auf.
Jetzt wird die Fliese mit der Unterkante angesetzt ❹ und angedrückt, dann kann verfugt werden ❺.

Elektrogeräte für die Warmwasserversorgung

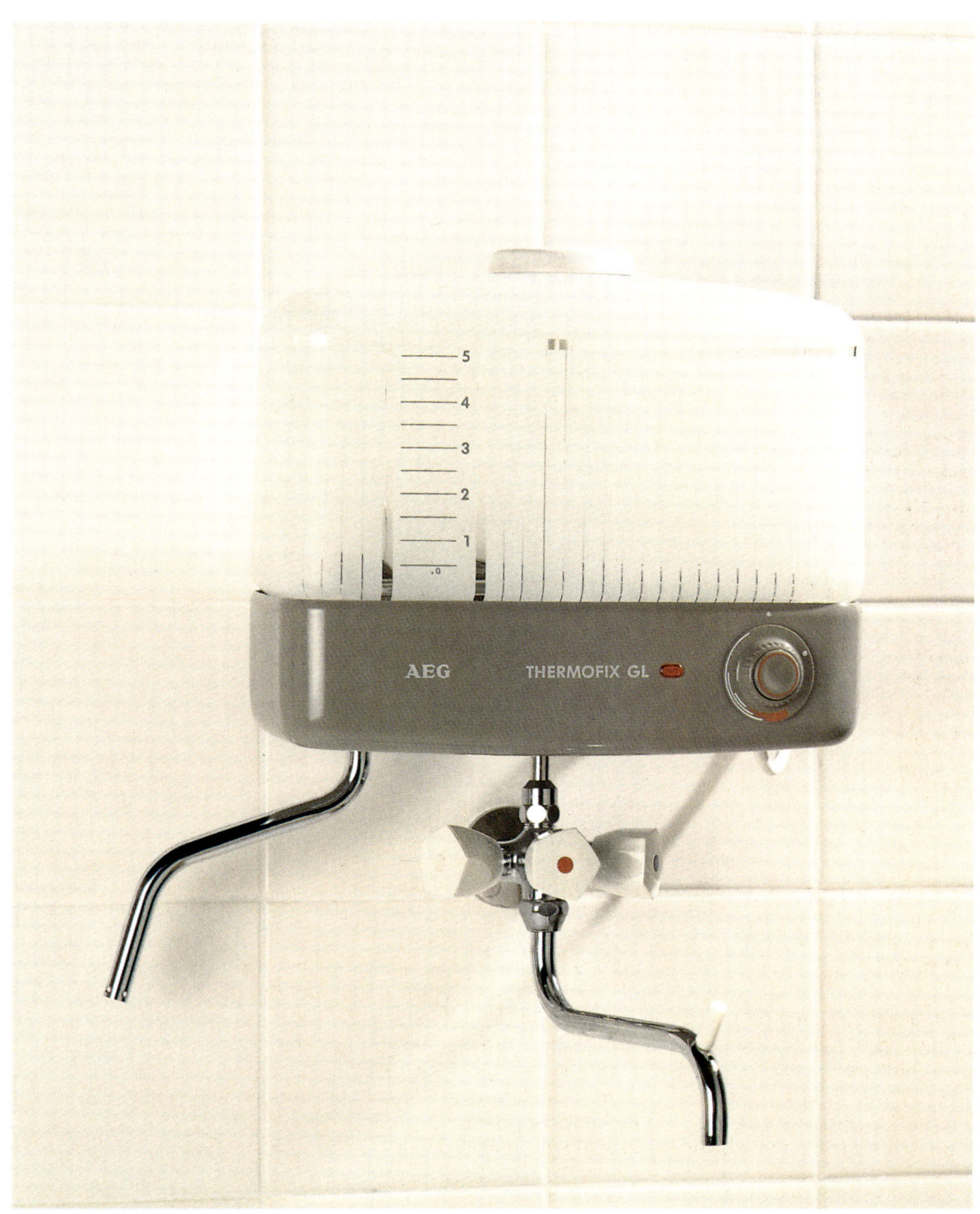

Kochendwassergeräte

Kochendwassergeräte erwärmen – wie der Name schon sagt – das Wasser bis zum Siedepunkt, das sind genau 100 °Celsius. Die Geräte haben im allgemeinen ein Fassungsvermögen von 5 Litern und sind ausschließlich für die Versorgung einer Zapfstelle vorgesehen.
Kochendwassergeräte werden hauptsächlich an Spülen installiert, eine Verwendung an Handwaschbecken ist wegen des siedendheißen Wassers grundsätzlich abzulehnen.
Aber auch an der Spüle könnten Sie sich verbrühen, wenn Sie unter oder in unmittelbarer Nähe des Schwenkauslaufs arbeiten: Wird der kochende Wasserstrahl von Tellern, Tassen oder anderem Füllgut abgelenkt, besteht akute Verletzungsgefahr durch Spritzer.
Kochendwassergeräte haben einen Behälter aus temperaturwechselbeständigem Glas oder aus Stahlblech mit einer glasartigen Spezialemaillierung. Es können Teilmengen eingefüllt und aufbereitet werden, eine Sichtskala erlaubt eine genaue Dosierung der benötigten Menge.

Funktionsweise

Das Gerät wird gefüllt durch Aufdrehen des weiß gekennzeichneten Füllventils links an der Armatur. An der Füllanzeige können Sie die eingelaufene Menge ablesen. Über die Temperaturwählscheibe stellen Sie die gewünschte Temperatur ein, sie ist bis zu 100 °Celsius stufenlos wählbar. Eingeschaltet wird das Gerät durch Druck auf den Einschaltknopf in der Mitte der Wählscheibe, eine Kontrollleuchte bestätigt, daß das Gerät arbeitet. Ausgeschaltet wird automatisch im Bereich von 35–85° Celsius nach Erreichen der gewählten Temperatur, bei Temperaturen von mehr als 85° Celsius wird das Gerät durch Linksdrehen der Wählscheibe ausgeschaltet.

Installation

Für die Installation ist lediglich ein vorhandener Kaltwasseranschluß notwendig. Es ist jedoch darauf zu achten, daß das Gerät so aufgehängt wird, daß sich Wasserauslauf und Wasserüberlauf in jeder Schwenkposition über der Spule oder dem Ausguß befinden.
Zur Vermeidung einer Rücksaugung sollen Wasserauslauf und Überlauf zudem mindestens 20 mm über dem höchsten Schmutzwasserstand des darunter befindlichen Ablaufs sitzen.
Wenn Sie die genaue Position des Geräts ermittelt haben, befestigen Sie die Trägerschiene an der Wand (mit der Wasserwaage ausrichten), dann wird die Armatur angeschlossen. Die genaue Distanz zwischen Armatur und Trägerschiene finden Sie in der Montageanleitung.
Jetzt wird das Gerät aufgesetzt und dabei auch gleichzeitig in die Wandschiene eingehängt, dann ziehen Sie die Quetschverschraubung an. Spülen Sie nun das Gerät gründlich durch, stellen Sie dabei fest, daß der Wasserdruck sehr hoch ist, reduzieren Sie mittels der Drosselschraube die Kaltwasserdurchflußmenge auf maximal 8 Liter/Minute.

Elektrischer Anschluß

Für den Anschluß an die 220-Volt-Leitung muß eine Steckdose vorhanden sein, das Gerät darf erst nach Überprüfen des wasserseitigen Anschlusses ans Netz.

Offene Warmwasserspeicher

Offene Warmwassergeräte haben Behälter aus Kunststoff (5–15 Liter) oder aus Kupfer, dann aber mit einem wesentlich größeren Volumen von 30–80 Liter. Eine direkt auf den Behälter aufgeschäumte Isolierschicht hält die Temperatur und trägt somit zum Energiesparen bei. Sie sind nur für jeweils eine Entnahmestelle zu installieren. Kleine Geräte sollten nur für die Versorgung von Spüle oder Waschbecken vorgesehen werden, große und leistungsstarke Geräte können auch an eine Dusche angeschlossen werden.

Funktionsweise

Offene Speicher zählen ebenso wie die Kochendwassergeräte zu den Boilern, liefern aber nur bis zu 85 ° Celsius heißes Wasser.
Offene Warmwasserspeicher stehen ständig mit der umgebenden Außenluft in Verbindung, das Gerät ist keinem Druck ausgesetzt.
Die Geräte sind stets mit Wasser gefüllt, die Temperatur wird durch ständiges Nachheizen auf dem gewählten Niveau gehalten. Mittels des Wählknopfes sind Temperaturen von 35–85 ° Celsius einstellbar.
Die Wasserentnahme darf nur über spezielle Einloch-misch- oder Temperierbatterien erfolgen, weil während des Aufheizvorganges Wasser aus der offenen Armatur tropft.
Beim Öffnen des rechts angeordneten Kaltwasserventils strömt von unten Kaltwasser in den Behälter, drückt das warme Wasser nach oben und durch den Überlauf nach außen.

Installation

Die Position des offenen Warmwasserspeichers kann relativ frei über oder unter Tisch gewählt werden, Sie sollten jedoch darauf achten, daß der Temperaturwählknopf bequem zu erreichen ist und daß auch eine Sichtkontrolle der Betriebsleuchte möglich ist.
Grundsätzlich soll das Gerät nur in einem frostfreien Raum installiert werden.
Die Trägerschiene ist auch in diesem Fall mit der Wasserwaage auszurichten und fest an die Wand zu schrauben.
Es wird zunächst der Speicherbehälter montiert, dann installieren Sie die Armatur und führen die Wasseranschlüsse aus. Alle Verbindungen werden mit Quetschverbindern hergestellt.

Inbetriebnahme

Ist der wasserseitige Anschluß ausgeführt, wird das Gerät wieder gründlich durchgespült, um eventuelle Verunreinigungen zu beseitigen. Drehen Sie dazu den Kaltwasserhahn auf, das Gerät läuft jetzt voll und über den Überlauf in den Ausguß.
Es dürfen nur offene Armaturen installiert werden, ein Perlator im Schwenkauslauf oder eine Schlauchverlängerung sind ebenso unzulässig wie Handbrausen mit Massagebürsten oder sonstige Vorsatzgeräte.
Eine Regulierschraube am Gerät ermöglicht es, den Wasserdruck nach den Werten des Herstellers auf das vorgeschriebene Maß einzustellen.
Auch hier müssen Sie die VDE-Vorschriften beachten und einen Fachmann zu Rate ziehen. Angeschlossen wird das Gerät mit dem bereits montierten, eingegossenen Schutzstecker, die Leitung ist im allgemeinen 50 cm lang. Es wird empfohlen, das Gerät an einen eigenen Strom kreis anzuschließen.

Durchlauferhitzer

Unmittelbar nach Aufdrehen der Armatur liefern Durchlauferhitzer jederzeit und an jedem Ort warmes Wasser mit Temperaturen zwischen 35 ° und 55 ° Celsius. Ein eingebauter Überlastungsschutz verhindert im Falle von Störungen eine höhere Erwärmung als 67 ° Celsius, so wird eine Verbrühungsgefahr beim Duschen ausgeschlossen.
Durchlauferhitzer haben immer eine geschlossene Bauweise, es gibt sie hydraulisch oder elektronisch gesteuert sowie – mit 10 Liter Inhalt – thermisch geregelt. Es können immer mehrere Zapfstellen angeschlossen werden, bei hydraulisch gesteuerten und thermisch geregelten Geräten allerdings nur mit Spezialarmaturen.
Wegen des hohen Stromanschlußwertes ist grundsätzlich vor der Installation die Genehmigung des örtlichen Stromversorgungsbetriebes einzuholen, die erforderliche 380-Volt-Leitung ist ausschließlich vom Fachmann zu verlegen, zu prüfen und anzuschließen.

Funktionsweise

Durchlauferhitzer arbeiten selbsttätig, nur die Temperatur ist in zwei oder drei Stufen mittels des Teillastschalters möglich. Zum Händewaschen wählt man die untere Stufe, zum Duschen oder für die Spüle liefert das Gerät nach Drehen des Knopfes die gewünschten höheren

Temperaturen. Durch Drosseln des Wasserdurchlaufes kann die Temperatur in beiden Bereichen noch erhöht werden.
Das Warmwasserventil ist zunächst immer voll zu öffnen und dann nach Anspringen des Gerätes wieder so weit zurückzudrehen, bis die gewünschte Temperatur erreicht ist. Größere Durchflußmengen regulieren Sie durch Zumischen mit dem Kaltwasserhahn.
Für die einwandfreie Funktion erfordert der Durchlauferhitzer einen bestimmten Fließdruck, der von der Leistung des Gerätes abhängig ist. Zudem ist der spezifische Widerstandswert des Wassers wichtig, er sagt etwas aus über die Fähigkeit des durchströmenden Wassers, Temperaturen mehr oder weniger schnell aufzunehmen, und ist beim Wasserwerk zu erfragen. Diesem Wert muß das Gerät entsprechen, der geforderte Grad ist auf der Gerätetafel angegeben.
Nach Schließen der Warmwasserarmatur schaltet das Gerät automatisch ab.

Installation

Wie alle anderen elektrischen Warmwassererwärmer werden auch Durchlauferhitzer mit der entsprechenden Wandaufhängung geliefert. Sie sollen ebenfalls waagerecht montiert werden – entweder in unmittelbarer Nähe des Entnahmeortes oder als zentrales Versorgungsgerät an günstiger Position für alle Zapfstellen.
Das Gerät darf nur an die Kaltwasserleitung angeschlossen werden, eine Verbindung zu anderen Warmwasseraufbereitern oder die Versorgung mit vorgewärmtem Wasser ist unter allen Umständen zu vermeiden. Es können grundsätzlich alle Waschtisch-, Bade-, Brause- und Spültischbatterien angeschlossen werden, auch mit Auslauf. Der Anschluß von Massageduschen indes ist nur in Ausnahmefällen möglich, Sie finden entsprechende Hinweise in der Gerätebeschreibung.
Auch hier gilt wieder, daß das Gerät nach Beendigung des Kaltwasseranschlusses gründlich durchgespült werden muß.

Elektrischer Anschluß

Wegen der erforderlichen Spannung von 380 Volt ist ein gesonderter, extra abgesicherter Anschluß dringend vorgeschrieben. Dies ist ausschließlich Sache des Fachmannes, beauftragen Sie damit auf jeden Fall einen Elektromeister.

Register

Die gut eingeführte DO IT YOURSELF-Reihe von FALKEN
bietet Selbermachern praxisbezogenes Fachwissen.
Fragen Sie Ihren Buchhändler.

ISBN 3 8068 1118 0

Titelbild und Fotos: Wolfgang Zöltsch, Pool Fotostudios, Griesheim; weitere Fotos: Otto Maier, Amstetten (S. 19–21)
Zeichnungen: Ingrid Hecht, Hannover (S. 6, 8, 9, 10, 12, 13, 24, 33, 35, 36, 37, 38, 51, 64, 74)
Autor und Verlag danken den Firmen, die dieses Projekt mit Werkzeug und Sanitärgegenständen für die Fotoaufnahmen bzw. mit Bildmaterial unterstützt haben: AEG, Nürnberg; BLANCO GmbH + Co. KG, Oberderdingen; Dieter Wildfang KG, Müllheim/Baden; Durette Kunststoff GmbH & Co. KG, Düren; DUSAR GmbH, Kunststoff- und Metallverarbeitung, Anhausen; Hamburger Wasserwerke; Ideal-Standard GmbH, Bonn; Metabowerke GmbH & Co., Nürtingen; Sanitop GmbH, Warendorf; SCHWAB, Sanitär-Plastic GmbH, Reutlingen; Westfalia Werkzeugcompany GmbH, Hagen.

Satz: Dinges & Frick GmbH, Wiesbaden
Druck: Zumbrink Druck GmbH, Bad Salzuflen

817 2635 4453 62

NÜTZLICHE RATGEBER

EINE AUSWAHL

Stand: Frühjahr 1991

Essen und Trinken

Meine feine Bürgerliche Küche
(**4411**-9) Von E. Falout, 160 S., 119 Farbfotos, Pappband. ●●●

Kochen für 1 Person
Rationell wirtschaften, abwechslungsreich und schmackhaft zubereiten. (**0586**-5) Von M. Nicolin, 104 S., 8 Farbtafeln, 23 Zeichnungen, kart. ●

Schnell und individuell
Die raffinierte Single-Küche
(**4266**-3) Von F. Faist, 160 S., 151 Farbfotos, Pappband. ●●●

Für Kenner und Genießer **Lamm**
(**1090**-7) Von H. Imhof, 64 S., 50 Farbfotos, Pappband. ●

Frischer Fang aus Fluß und Meer **Fisch**
(**0964**-X) Von L. Grieser, 64 S., 69 Farbfotos, Pappband. ●

Edler Kern in harter Schale **Meeresfrüchte**
(**0886**-4) Von L. Grieser, 48 S., 52 Farbfotos, Pappband. ●

Gaumenfreuden Tag für Tag
Pfannengerichte
(**1007**-9) Von S. Fabke, 64 S., 54 Farbfotos, Pappband. ●

Von Tatar und falschen Hasen **Hackfleisch**
(**0866**-X) Von A. und G. Eckert, 64 S., 42 Farbfotos, Pappband. ●

Aus eigener Küche **Gute Wurst**
(**0948**-8) Von J. Bessel, G. Quaas, 80 S., 8 Farbtafeln, kart. ●

Aus lauter Lust und Liebe **Knoblauch**
(**0867**-8) Von L. Reinirkens, 64 S., 45 Farbfotos, Pappband. ●

Kochen und würzen mit **Paprika**
(**0792**-2) Von A. und G. Eckert, 88 S., 8 Farbtafeln, kart. ●

Bintje, Irmgard und Sieglinde
Kartoffeln
(**1032**-X) Von S. Fabke, 64 S., 43 Farb- und 1 s/w-Foto, Pappband. ●

Leicht und locker
Nudelgerichte
Die besten Rezepte aus der 3 GLOCKEN-Feinschmecker-Küche.
(**0466**-4) Von Chr. Stephan, 80 S., 8 Farbtafeln, kartoniert. ●

Pasta in Höchstform **Nudeln**
(**0884**-8) Von M. Kirsch, 64 S., 62 Farbfotos, Pappband. ●

Kräftig klar und cremig zart **Feine Suppen**
(**1031**-1) Von H. Imhof, 64 S., 48 Farbfotos, Pappband. ●

Herzhaftes für Leib und Seele **Eintöpfe**
(**0820**-1) Von P. Klein, 48 S., 30 Farbfotos, Pappband. ●

Spezialitäten unter knuspriger Decke
Aufläufe
(**0882**-1) Von C. Adam, 48 S., 33 Farbfotos, Pappband. ●

In Hülle und Fülle **Pasteten und Terrinen**
(**0883**-X) Von M. Kirsch, 48 S., 62 Farbfotos, Pappband. ●

Die Krönung der feinen Küche **Saucen**
(**0817**-1) Von G. Cavestri, 48 S., 40 Farbfotos, Pappband. ●

Schlank und köstlich **Spargel**
(**1005**-2) Von M. Kirsch, 64 S., 44 Farbfotos, Pappband. ●

Von Aubergine bis Zucchini **Gemüse**
(**1061**-3) Von H. Cohrs, 64 S., 39 Farbfotos, Pappband. ●

Statt Breakfast und Lunch **Brunch**
(**1033**-8) Von C. Adam, 64 S., 49 Farbfotos, Pappband. ●

Die schönsten Rezepte für
Frühstück und Brunch
(**1063**-X) Von K. Kruse-Schorling, 80 S., 8 Farbtafeln, kart. ●

Mit Lust und Liebe
Kochen mit den Meistern
(**4445**-3) 176 S., 132 Farbfotos, 50 Graffiti, Pappband. ●●●●

Zaubern mit der schnellen Welle
Die neue Mikrowellenküche
(**4289**-2) Von F. Faist, 208 S., 188 Farbfotos, Pappband. ●●●

Schnell auf den Tisch gezaubert
Kochen mit Mikrowellen
(**0818**-X) Von A. Danner, 64 S., 52 Farbfotos, Pappband. ●

Knusprig braten und backen im
Mikrowellen-Kombigerät
(**0996**-X) Von T. Peters, 128 S., 108 Farbfotos, kartoniert. ●●

Leicht und vitaminreich
Vegetarische Mikrowellenküche
(**0995**-X) Von F. Faist, 118 S., 103 Farbfotos, kartoniert. ●●

Schnell und individuell
Mikrowellenküche für Singles
(**0997**-6) Von A. Görgens, 118 S., 103 Farbfotos, kartoniert. ●●

Vom ersten Versuch zum Menü
Mikrowellenküche leicht gemacht
(**0994**-1) Von T. Peters, 112 S., 96 Farbfotos, kartoniert. ●●

Zart gedünstet, schonend gegart
Fischgerichte aus der Mikrowellenküche
(**1092**-3) Von A. Ilies, 96 S., 106 Farbfotos, kartoniert. ●●

Köstliches ganz schnell gezaubert
Aufläufe aus der Mikrowellenküche
(**1093**-1) Von K. Kruse-Schorling, 96 S., 89 Farbfotos, kartoniert. ●●

Natürlich Kochen im
Mikrowellen-Römertopf
(**0947**-X) Von F. Faist, 96 S., 8 Farbtafeln, kartoniert. ●

Das neue Fritieren
geruchlos, schmackhaft und gesund.
(**0365**-X) Von P. Kühne, 88 S., 8 Farbtafeln, kart. ●

Goldbraun und knusprig
Fritierte Leckerbissen
(**0868**-6) Von F. Faist, 64 S., 47 Farbfotos, Pappband. ●

Schnell und gut gekocht
Die tollsten Rezepte für den Schnellkochtopf
(**0265**-3) Von J. Ley, 96 S., 8 Farbtafeln, kart. ●

Italienische Vorspeisen **Antipasti**
(**1006**-0) Von S. Reiter-Westphal, 64 S., 47 Farbfotos, Pappband. ●

Schlemmerreise durch die
Italienische Küche
(**4172**-1) Von V. Pifferi, 160 S., 109 Farbfotos, Pappband. ●●●

Schlemmen wie bei Mamma Maria
Pizzas
(**0815**-5) Von F. Faist, 64 S., 62 Farbfotos, Pappband. ●

Spaghetti, Tagliatelle + Co.
Pasta all'Italiana
(**1004**-4) Von I. Seyric, 64 S., 57 Farbfotos, Pappband. ●

Pikantes und Süßes mit französischem Charme **Bistro-Küche**
(**4428**-3) Von V. Müller, 160 S., 130 Farbfotos, Pappband. ●●●

Schlemmerreise durch die
Französische Küche
(**4296**-5) Von H. Imhof, 160 S., 147 Farbfotos, 3 s/w-Fotos, Pappband. ●●●

Schlemmerreise durch die
Chinesische Küche
(**4184**-5) Von K. H. Jen, 160 S., 117 Farbfotos, Pappband. ●●●

Verheißungsvoll fernöstlich
Spezialitäten aus dem Wok
(**0933**-X) Von K. H. Jen, 64 S., 56 Farbfotos, Pappband. ●

Mit Lust und Liebe **Chinesisch Kochen**
(**4441**-0) Von Ho Fu-Lung, Uli Franz, 176 S., 189 Farbfotos, 29 Zeichnungen, Pappband. ●●●●

Mehr Freude und Erfolg beim **Grillen**
(**4141**-1) Von A. Berliner, 160 S., 147 Farbfotos, 10 farbige Zeichnungen, Pappband. ●●●

Köstliches von Rost und Spieß **Grillen**
(**0931**-3) Von A. Kalcher-Dähn, H. K. Kalcher, 64 S., 43 Farbfotos, Pappband. ●

Rezepte rund um Raclette und Doppeldecker
(**0420**-6) Von J. W. Hochscheid, 72 S., 8 Farbtafeln, kart. ●

Schlemmen in geselliger Runde
Fleischfondues
(**0966**-6) Von M. Spötter, 64 S., 62 Farbfotos, Pappband. ●

Fondues und Raclettes
(**4253**-1) Von F. Faist, 160 S., 125 Farbfotos, Pappband. ●●●

Die hier vorgestellten Bücher, Videokassetten und Software sind in folgende Preisgruppen unterteilt:

● Preisgruppe bis DM 10,–/S 79,–/SFr 10,–
●● Preisgruppe über DM 10,– bis DM 20,– S 80,– bis S 160,– SFr 10,– bis SFr 20,–
●●● Preisgruppe über DM 20,– bis DM 30,– S 161,– bis S 240,– SFr 20,– bis SFr 29,–
●●●● Preisgruppe über DM 30,– bis DM 50,– S 241,– bis S 400,– SFr 29,– bis SFr 48,–
●●●●● Preisgruppe über DM 50,–/S 401,–/SFr 48,–
*(unverbindliche Preisempfehlung)

Die Preise entsprechen dem Status beim Druck dieses Verzeichnisses (s. Seite 1) – Änderungen, im besonderen der Preise, vorbehalten –

Falken-Verlag GmbH · Postfach 1120 FALKEN D-6272 Niedernhausen/Ts. · Tel.: 0 61 27/70 20

Schmelzendes Käsevergnügen **Raclette**
(**0881**-3) Von F. Faist, 48 S., 33 Farbfotos, Pappband. ●

Kulinarischer Feuerzauber **Flambieren**
(**4294**-9) Von R. Wesseler, 120 S., 100 Farbfotos, Pappband. ●●●

Das köstliche knackige Schlemmervergnügen **Salate**
(**4165**-9) Von V. Müller, 160 S., 80 Farbfotos, Pappband. ●●●

Gartenfrisch genießen
Feine Salate
(**4450**-X) Von P. Nikolay, 160 S., 122 Farbfotos, Pappband. ●●●

Köstliche Salate
zum Verwöhnen
(**0222**-X) Von Chr. Schönherr, 96 S., 8 Farbtafeln, 30 Zeichnungen, kartoniert. ●

Frisch und leicht als Hauptgericht
Schlemmersalate
(**0934**-8) Von C. Adam, 64 S., 49 Farbfotos, Pappband. ●

Köstlich frisch auf den Tisch
Rohkostsalate
(**0865**-1) Von C. Adam, 48 S., 26 Farbfotos, Pappband. ●

Raffiniert und gesund würzen
Kräuterküche
(**0869**-4) Von A. Görgens, 48 S., 43 Farbfotos, Pappband. ●

Miekes Kräuter- und Gewürzkochbuch
(**0323**-4) Von I. Persy, K. Mieke, 88 S., 4 Farbtafeln, kartoniert. ●

Joghurt, Quark, Käse und Butter
Schmackhaftes aus Milch hausgemacht.
(**0739**-6) Von M. Bustorf-Hirsch, 32 S., 59 Farbabb., Pappband. ●

Gesund und vielseitig **Alles mit Joghurt**
täglich selbstgemacht, mit vielen Rezepten.
(**0382**-6) Von G. Volz, 64 S., 8 Farbtafeln, kartoniert. ●

Locker, flockig, leicht…
Müsli & Co
(**0965**-8) Von C. Adam, 64 S., 42 Farbfotos, Pappband. ●

Bärenstark und kerngesund
Vollwertkost für Kinder
(**0968**-2) Von S. Reiter, 64 S., 44 Farbfotos, Pappband. ●

Gesunde Ernährung für mein Kind
(**0776**-6) Von M. Bustorf-Hirsch, 112 S., 8 Farbtafeln, 5 s/w-Zeichnungen, kart. ●

Das Getreidemühlenkochbuch
(**1017**-6) Von M. Bustorf-Hirsch, 112 S., 8 Farbtafeln, kartoniert. ●

Meine Vollkornküche
Herzhaftes von echtem Schrot und Korn
(**0858**-9) Von S. Walz, 96 S., 8 Farbtafeln, kartoniert. ●

Die verlockende Alternative
Süße Vollwertküche
(**0936**-4) Von A. Roßmeier, 64 S., 50 Farbfotos, Pappband. ●

Die gesunde Art, sich zu verwöhnen
Vollwertküche für Singles
(**0937**-2) Von A. Görgens, 64 S., 43 Farbfotos, Pappband. ●

Dinkel, Hirse, Roggenkorn…
Kerniges aus der Getreideküche
(**0932**-1) Von S. Frank, 64 S., 49 Farbfotos, Pappband. ●

Die feine Vollwertküche
(**4286**-8) Von M. Bustorf-Hirsch, 160 S., 83 Farbfotos, Pappband. ●●●

Mit Lust und Liebe…
Vollwertküche für Genießer
(**4412**-4) Von Prof. Dr. C. Leitzmann, H. Million, 256 S., 329 Farbfotos, Pappband. ●●●●

Die feine Vegetarische Küche
(**4235**-3) Von F. Faist, 160 S., 191 Farbfotos, Pappband. ●●●

Schmackhafte Vollwertkost ohne tierisches Eiweiß
(**0993**-3) Von M. Bustorf-Hirsch, 96 S., 54 Farbfotos, kartoniert. ●●

Cholesterinarm kochen und genießen
(**4442**-9) Von R. Unsorg, 168 S., 132 Farbfotos, kartoniert. ●●●

Die aktuelle **Cholesterintabelle**
(**1088**-5) Von Dr. H. Oberritter, 84 S., 12 zweifarbige Grafiken, kartoniert. ●

Die aktuelle Vitamin- und Mineralstofftabelle
Mit Angaben zu den wichtigsten Vitaminen und Mineralstoffen
(**1110**-5) Von Dr. H. Oberritter, 88 S., 1 zweifarbige Grafik, kart. ●

Vollwertküche für Diabetiker
Köstlich kochen und backen für die ganze Familie
(**4473**-9) Von Prof. Dr. C. Leitzmann, Prof. Dr. H. Laube, H. Million, 168 S., 172 Farbfotos, 8 Zeichnungen, Pappband. ●●●●

Kochen und backen für Diabetiker
Gesund und schmackhaft für die ganze Familie
(**4467**-4) Von Dr. med. M. Toeller, W. Schumacher, A. Groote, Dr. troph. A. Klischan, 176 S., 182 Farbfotos, Pappband. ●●●●

Würzig kochen ohne Salz
(**0922**-4) Von S. Roediger-Streubel, 160 S., 16 Farbtafeln, kart. ●●

Die Sojaküche
Gesund und abwechslungsreich essen
(**0894**-5) Von U. Kolster, 80 S., 8 Farbtafeln, kart. ●

Gesund kochen mit Keimen und Sprossen
(**0794**-9) Von M. Bustorf-Hirsch, 96 S., 4 Farbtafeln, 13 s/w-Zeichnungen, kart. ●

Keime und Sprossen in der Naturküche
(**4299**-X) Von M. Bustorf-Hirsch, 96 S., 144 Farbfotos, Pappband. ●●

Waffeln
Hörnchen, Pfannkuchen und Crêpes.
(**0522**-9) Von C. Stephan, 64 S., 8 Farbtafeln, kart. ●

Mehr Freude und Erfolg beim
Brotbacken
(**4148**-9) Von A. und G. Eckert, 160 S., 177 Farbfotos, Pappband. ●●●

Meine Vollkornbackstube
Brot · Kuchen · Aufläufe. (**0616**-0) Von R. Raffelt, 96 S., 4 Farbtafeln, 12 Zeichnungen, kartoniert. ●

Die feine Vollkornbackstube
(**4474**-7) Von M. Bustorf-Hirsch, 160 S., 128 Farbfotos, Pappband. ●●●

Mit Körnern, Zimt und Mandelkern
Vollkorngebäck
(**0816**-3) Von M. Bustorf-Hirsch, 48 S., 39 Farbfotos, Pappband. ●

Knusprig, kernig, urgesund **Vollkornbrot**
(**0938**-0) Von S. Reiter, 64 S., 46 Farbfotos, Pappband. ●

Weihnachtsbäckerei
Köstliche Plätzchen, Stollen, Honigkuchen und Festtagstorten.
(**0682**-9) Von M. Sauerborn, 32 S., 34 Farbfotos, Pappband. ●

Meine Weihnachtsbackstube
(**5163**-8) Von M. Sauerborn, 32 S., 23 Farbfotos, mit Vorlagebogen in Originalgröße, kart. ●

Süße Verführungen **Desserts**
(**0885**-6) Von M. Bacher, 64 S., 75 Farbfotos, Pappband. ●

Süße Geheimnisse eiskalt gelüftet
Eis und Sorbets
(**0870**-8) Von H. W. Liebheit, 48 S., 38 Farbfotos, Pappband. ●

Raffiniertes mit
Eis
Drinks/Desserts/Eissorten
(**1029**-X) Von F. Hoffmann, 64 S., 74 Farbfotos, Pappband. ●

Zart schmelzende Versuchungen
Schokolade
(**0819**-8) Von J. Schroer, 48 S., 53 Farbfotos, Pappband. ●

Haltbarmachen in der Öko-Küche
Gesunde Konservierungsmethoden für Obst, Gemüse, Kräuter und Pilze. (**0923**-2) Von M. Bustorf-Hirsch, 120 S., 92 Farbabb., kart. ●●

Komm, koch und back mit mir
Kunterbuntes Kochvergnügen für Kinder.
(**4285**-X) Von S. und H. Theilig, illustriert von B. v. Hayek, 112 S., 45 Farbabb., Pappband. ●●

Lirum, larum, Löffelstiel…
Kinder kochen mit Knuddel
(**1094**-X) Von U. Bültjer, 80 S., 27 zweifarbige Zeichnungen, kart. ●

Mit Lust und Liebe **Kalte Platten & Buffets**
Anrichten und Garnieren
(**4427**-5) Von P. Grotz, 176 S., 228 Farbfotos, Pappband. ●●●●

Garnieren und Verzieren
(**4236**-1) Von R. Biller, 160 S., 329 Farbfotos, 57 Zeichnungen, Pappband. ●●●

Köstlichkeiten für Gäste und Feste
Kalte Platten
(**4200**-0) Von I. Pfliegner, 160 S., 130 Farbfotos, Pappband. ●●●

Wenn Gäste kommen…
Kalte Küche
(**1060**-5) Von A. Ilies, 64 S., 49 Farbfotos, Pappband. ●

Raffiniert und vielseitig
Toasts und Sandwiches
(**1109**-1) Von R. und T. Donhauser, 64 S., 52 Farbfotos, Pappband. ●

Fein und raffiniert
Canapés und kleine Köstlichkeiten
(**0963**-1) Von H. Imhof, 64 S., 53 Farbfotos, Pappband. ●

Festlich kochen und backen
für Advent und Weihnachten
(**4443**-7) Von A. Guter, 96 S., 66 Farbfotos, 1 s/w-Foto, Pappband. ●●

Der perfekt gedeckte Tisch
(**1028**-1) Von H. Tapper, 80 S., 161 Farbfotos, 13 Zeichnungen, kartoniert. ●●

Der schön gedeckte Tisch
Vom einfachen Gedeck bis zur Festtafel stimmungsvoll und perfekt arrangiert.
(**4246**-1) Von H. Tapper, 112 S., 206 Farbfotos, 21 s/w-Abbildungen, Pappband. ●●●

Servietten falten
80 Ideen für schön gedeckte Tische
(**1042**-7) Von M. Müller, O. Mikolasek, 80 S., 289 Farbfotos, 50 Zeichnungen, kartoniert. ●●

Phantasievolle Tischdekorationen selber machen
(**0984**-4) Von Y. Thalheim, H. Nadolny, 80 S., 174 Farbfotos, 21 Zeichnungen, kart. ●●

Tischkarten dekorativ gestalten
aus allerlei Material für viele Anlässe
(**0946**-1) Von H. York, 32 S., 108 Farbfotos, Pappband. ●

Servietten dekorativ falten
Geschmackvolle Anregungen aus Stoff und Papier. (**0804**-X) Von H. Tapper, 32 S., 134 Farbfotos, Pappband. ●

Tee für Genießer
Sorten · Riten · Rezepte
(**0356**-0) Von M. Nicolin, 64 S., 4 Farbtafeln, kart. ●

Weine und Säfte, Liköre und Sekt
selbstgemacht.
(**0702**-7) Von P. Arauner, 232 S., 76 Abb., kart. ●●

Fruchtig, spritzig, eisgekühlt
Mixen ohne Alkohol
(**0935**-6) Von S. Späth, 64 S., 44 Farbfotos, Pappband. ●

Mit und ohne Alkohol
Longdrinks
(**1062**-1) Von S. Edelberg, 64 S., 47 Farbfotos, Pappband. ●

Cocktails
(**4267**-1) Von W. R. Hoffmann, W. Hubert, U. Lottring, 160 S., 164 Farbfotos, 1 s/w-Foto, Pappband. ●●●

Cocktails und Mixereien
für häusliche Feste und Feiern. (**0075**-8) Von J. Walker, 96 S., 4 Farbtafeln, kart. ●

Die besten Punsche, Grogs und Bowlen
(**0575**-X) Von F. Dingden, 64 S., 4 Farbt., kart. ●

SLIM
Der neue, individuelle Schlankheitsplan.
(**4277**-9) Von Prof. Dr. E. Menden, W. Aign, 120 S., 440 Farbfotos, Pappband. ●●●

Schlank werden nach Dr. Hay **Trennkost**
Die bewährten Vollwert-Rezepte von Ursula Summ. (**4298**-1) Von U. Summ, 96 S., 54 Farbfotos, 1 Zeichnung, kart. ●●

Gesund leben nach Dr. Hay
Cholesterinarme Trennkost
Neue Vollwert-Rezepte von Ursula Summ
(**4475**-5) Von U. Summ, 96 S., 52 Farbfotos, kart. ●●

Eßlust statt Diätfrust
Die Pfundskur
(**1102**-4) Von Prof. Dr. V. Pudel, 144 S., 8 s/w-Zeichnungen, 4 Vignetten, kartoniert. ●

Schlank nach Maß
mit der Diät-Computerwaage
(**1064**-8) Von K. Alisch, 104 S., 8 Farbtafeln, kart. ●

Gesundes Essen für Berufstätige
Die 4-Wochen-Vollwertkur
(**1065**-6) Von M. Weber, ca. 80 S., 8 Farbtafeln, kart. ●

Hobby und Freizeit

Falken-Handbuch
Zeichnen und Malen
(**4167**-5) Von B. Bagnall, 336 S., 1154 Farbabb., Pappband. ●●●●●

Punkt, Punkt, Komma, Strich
Zeichenstunde für Kinder
(**0564**-4) Von H. Witzig, 144 S., über 250 Zeichnungen, kart. ●

Einmal grad und einmal krumm
Zeichenstunde für Kinder
(**0599**-7) Von H. Witzig, 144 S., 363 Abb., kartoniert. ●

Figürliches Zeichnen
leicht gemacht
(**1010**-9) Von H. Witzig, 112 S., 462 Figuren, kartoniert. ●

Airbrush
Kreatives Gestalten mit dem Luftpinsel
(**1133**-4) Von C. M. Mette, 80 S., 145 Farbfotos, 40 Farbzeichnungen, kartoniert. ●●

Spielend zeichnen lernen mit den Montagsmalern
(**0974**-7) Von G. Lages, Sigi Harreis, 112 S., 326 s/w-Zeichnungen, kartoniert. ●●

Kalligraphie
Die Kunst des schönen Schreibens
(**4263**-9) Von C. Hartmann, 120 S., 44 Farbvorlagen, 29 s/w-Vorlagen, 2 s/w-Zeichnungen, 38 Farbfotos, Pappband. ●●●●

Gestalten mit Schrift
Kalligraphie
(**1044**-3) Von I. Schade, 80 S., 2 Farb- und 1 s/w Foto, 143 Farbzeichnungen, kartoniert. ●●

Aquarellmalerei leicht gelernt
Materialien · Techniken · Motive.
(**0787**-6) Von T. Hinz, R. Braun, B. Zeidler, 32 S., 38 Farbfotos, 1 Zeichn., Pappband. ●

Hobby Aquarellmalen
Landschaft und Stilleben.
(**0876**-7) Von I. Schade, A. Brück, 80 S., 111 Farbabb., kart. ●●

Hobby Ölmalerei
Landschaft und Stilleben.
(**0875**-9) Von H. Kämper, I. Becker, 80 S., 93 Farbabb., kart. ●●

Hobby Bauernmalerei
(**0436**-2) Von S. Ramos und J. Roszak, 80 S., 116 Farbfotos und 28 Motivvorlagen, kart. ●●

Seidenmalerei in Vollendung
(**4414**-3) Hrsg. von R. Smend, 160 S., 227 Farbfotos, 36 s/w-Fotos, geprägter Leineneinband mit Schutzumschlag, im Schuber, **DM 98,–**, S 784,–, SFr 94,10

Seidenmalerei und Modedesign
Modelle · Techniken · Schnittmuster
(**4476**-3) Von B. Hansen, 176 S., 140 Farbfotos, 93 Farb-, 68 s/w-Zeichnungen, Pappband. ●●●●

Seidenmalerei als Kunst und Hobby
(**4264**-7) Von S. Hahn, 136 S., Farbabb., 1 s/w-Foto, Pappband. ●●●●

Neue zauberhafte Seidenmalerei
Motive und Anregungen aus der Natur.
(**0924**-0) Von R. Henge, 80 S., 148 Farbfotos, 27 s/w-Zeichnungen, kart. ●●

Kunstvolle Seidenmalerei
Mit zauberhaften Ideen zum Nachgestalten
(**0783**-3) Von I. Demharter, 32 S., 56 Farbfotos, Pappband. ●

Aquarellieren auf Seide
Materialien · Techniken · Motive
(**0917**-8) Von I. Demharter, 32 S., 41 Farbfotos, Pappband. ●

Seidenmalerei Landschaften
(**5153**-0) Von D. Kosik, 32 S., 50 Farbfotos, 12 Zeichnungen, mit Vorlagebogen in Originalgröße, kart. ●

Seidenmalerei Kissen
(**5151**-4) Von I. Demharter, 32 S., 42 Farbfotos, 2 Zeichnungen, mit Vorlagebogen in Originalgröße, kart. ●

Seidenmalerei Blusen und T-Shirts
(**5184**-0) Von A. Keller, 32 S., 28 Farbfotos, 12 Zeichnungen, mit Vorlagebogen in Originalgröße, kartoniert. ●

Seidenmalerei Tücher und Schals
(**5152**-2) Von R. Henge, 32 S., 36 Farbfotos, 1 Zeichnung, mit Vorlagebogen in Originalgröße, kart. ●

Seidenmalerei Taschen und Gürtel
(**5194**-8) Von S. Tichy-Gibley, 32 S., 30 Farbfotos, 8 Farbzeichnungen, mit Vorlagebogen in Originalgröße, kartoniert. ●

Seidenmalerei Tiermotive
(**5204**-9) Von A. Keller, 32 S., 37 Farbfotos, mit Vorlagebogen in Originalgröße, kart. ●

Serti Designo
Seidenmalerei mit Kreidestiften
(**5208**-1) Von S. Tichy-Gibley, 32 S., 46 Farbfotos, mit Vorlagebogen in Originalgröße, kart. ●

Seidenmalerei Lampenschirme
(**5154**-9) Von I. Walter-Ammon, 32 S., 47 Farbfotos, 1 Zeichnung, mit Vorlagebogen in Originalgröße, kart. ●

Seidenmalerei Blüten, Blätter, Ranken
(**5165**-4) Von D. Kosik, 32 S., 35 Farbfotos, 4 Zeichnungen, mit Vorlagebogen in Originalgröße, kart. ●

Seidenmalerei Schmuckkarten und Miniaturbilder
(**5166**-2) Von I. Walter-Ammon, 32 S., 37 Farbfotos, 2 Zeichnungen, mit Vorlagebogen in Originalgröße, kart. ●

Seidenmalerei Bilder in Konturentechnik
(**5182**-4) Von I. Demharter, 32 S., 28 Farbfotos, 2 Zeichnungen, mit Vorlagebogen in Originalgröße, kartoniert. ●

Seidenmalerei Applikationen
(**5224**-3) Von J. Bressau, 32 S., 50 Farbfotos, mit Vorlagebogen in Originalgröße, kartoniert. ●

Falken-Handbuch
Häkeln
ABC der Häkeltechniken und Häkelmuster in ausführlichen Schritt-für-Schritt-Bildfolgen
(**4194**-2) Von H. Fuchs, M. Natter, 288 S., 597 Farbfotos, 476 Farbzeichnungen, Pappband. ●●●●

Das moderne Standardwerk von der Expertin
Perfekt Stricken
Mit Sonderteil Häkeln.
(**4250**-7) Von H. Jaacks, 256 S., 703 Farbfotos, 169 Farb- und 121 s/w-Zeichnungen, Pappband. ●●●

Hobby Patchwork und Quilten
(**0768**-X) Von B. Staub-Wachsmuth, 80 S., 108 Farbabb., 43 Zeichnungen, kart. ●●

Hobby Spitzencollagen
Bezaubernde Motive aus edlem Material
(**0847**-3) Von H. Westphal, 80 S., 186 Farbfotos, kart. ●●

Marionetten
selbst bauen und führen
(**1043**-5) Von D. Köhnen, 80 S., 150 Farbfotos, mit Schnittmusterbogen, kartoniert. ●●

Charakterpuppen
aus Cernit und Porzellan selbst gestalten
(**1156**-3) Von S. Becker, 64 S., 143 Farbfotos, 30 Zeichnungen, 13 Vignetten, mit Schnittmusterbogen, kartoniert. ●●

Puppen zum Liebhaben
(**5199**-9) Von B. Wehrle, 32 S., 27 Farbfotos, 9 s/w-Zeichnungen, mit Vorlagebogen in Originalgröße, kartoniert. ●

Teddybären
Sechs beliebte Modelle
(**5159**-X) Von Y. Thalheim, H. Nadolny, 32 S., 46 Farbfotos, 9 Zeichnungen, mit Vorlagebogen in Originalgröße, kart. ●

Heißgeliebte Teddybären
Selbermachen · Sammeln · Restaurieren.
(**0900**-3) Von H. Nadolny, Y. Thalheim, 80 S., 119 Farbfotos, 23 s/w-Zeichnungen, 14 S. Schnittmusterbogen, kart. ●●

Neue zauberhafte Salzteig-Ideen
(**0719**-1) Von I. Kiskalt, 80 S., 324 Farbfotos, 12 Zeichnungen, Schablonen, kart. ●●

Salzteig kinderleicht
(**0973**-9) Von I. Kiskalt, 80 S., 224 Farbfotos, 8 Zeichnungen, kart. ●●

Kreatives Gestalten mit Ton
Töpfern ohne Scheibe – Aufbaukeramik
(**0896**-1) Von A. Riedinger, 80 S., 207 Farbfotos, 16 Zeichnungen, 7 Vignetten, kart. ●●

Kreatives Gestalten mit Ton
Töpfern auf der Scheibe
(**0971**-2) Von A. Riedinger, 80 S., 28 Farb- und 3 s/w-Zeichnungen, 178 Farbfotos, kartoniert. ●●

Edles Porzellan
(**4437**-2) Von M. Lutze, Prof. E. Lessing, 160 S., 175 Farbfotos, Leineneinband, mit Schutzumschlag, im Schuber ●●●●●

Hobby Glaskunst in Tiffany-Technik
(**0781**-7) Von N. Köppel, 80 S., 194 Farbfotos, 6 s/w-Abb., kart. ●●

Tiffany-Lampen selbermachen
Arbeitsanleitung · Materialien · Modelle
(**0684**-5) Von I. Spliethoff, 32 S., 60 Farbfotos, 19 Zeichnungen, Pappband. ●

Fensterbilder in Tiffany-Technik
(**5168**-9) Von P. Matz, 32 S., 43 Farbfotos, mit Vorlagebogen in Originalgröße, kart. ●

Tiffany-Technik
und andere kunstvolle Arbeiten in Glas
(**0972**-0) Von D. Köhnen, 80 S., 176 Farbfotos, 5 s/w-Zeichnungen, kart. ●●

Tiffany-Gürtelschnallen
(**5160**-3) Von G. G. Scheib, R. Grella, 32 S., 52 Farbfotos, 1 Zeichnung, mit Vorlagebogen in Originalgröße, kart. ●

Modeschmuck mit Federn und Straß
(**5167**-0) Von J. Niemeier, 32 S., 41 Farbfotos, mit Vorlagebogen in Originalgröße, kart. ●

Modeschmuck selbst modellieren
(**5196**-4) Von K. Eichler, 32 S., 51 Farbfotos, mit Vorlagebogen in Originalgröße, kartoniert. ●

Modeschmuck in vielen Variationen
(**5180**-8) Von A. Hahn, 32 S., 39 Farbfotos, 3 Zeichnungen, mit Vorlagebogen in Originalgröße, kartoniert. ●

Effekt-Color
Phantasievolle Schmuck- und Deko-Ideen
(**5207**-3) Von A. Hahn, 32 S., 55 Farbfotos, mit Vorlagebogen in Originalgröße, kart. ●

Rocailles
Perlenschmuck
(**5209**-X) Von L. und E. Weiler, 32 S., 45 Farbfotos, 2 Zeichnungen, mit Vorlagebogen in Originalgröße, kart. ●

Perlenschmuck
(**5221**-9) Von H. Büderer, 32 S., 50 Farbfotos, mit Vorlagebogen in Originalgröße, kartoniert. ●

Exklusiver Modeschmuck
aus dem eigenen Atelier
(**0925**-9) Von J. Niemeier, J. Klein, 80 S., 141 Farbfotos, 25 Zeichnungen, kart. ●●

Masken
phantasievoll dekorieren
(**5155**-7) Von Chr. Familler, 32 S., 48 Farbfotos, mit Vorlagebogen in Originalgröße, kart. ●

Schwingtiere aus Holz gestalten
(**5222**-7) Von der Arbeitsgem. Werken, 32 S., 50 Farbfotos, mit Vorlagebogen in Originalgröße, kartoniert. ●

Hobby Drachen
bauen und steigen lassen. (**0767**-1) Von W. Schimmelpfennig, 80 S., 1 dreiseitige Ausklapptafel, 55 Farbfotos, 139 Zeichnungen, kart. ●●

Lenkdrachen
bauen und fliegen
(**1011**-7) Von W. Schimmelpfennig, 64 S., 51 Farbfotos und 126 Zeichnungen, kartoniert. ●●

Drachen
Einfache Modelle für Kinder
(**5156**-5) Von W. Schimmelpfennig, 32 S., 11 Farbfotos, 31 Zeichnungen, mit Vorlagebogen, kart. ●

Das große farbige
Bastelbuch für Kinder
(**4254**-X) Von U. Barff, I. Burkhardt, J. Maier, 224 S., 157 Farbfotos, 430 Farb- und 60 s/w-Zeichnungen, mit Schnittmusterbogen, Pappband. ●●●

Hobby Origami
Papierfalten für groß und klein
(**0756**-6) Von Z. Aytüre-Scheele, 80 S., 820 Farbfotos, kart. ●●

Neue zauberhafte Origami-Ideen
Papierfalten für groß und klein
(**0805**-8) Von Z. Aytüre-Scheele, 80 S., 720 Farbfotos, kart. ●●

Zauberwelt Origami
Tierfiguren aus Papier
(**1045**-1) Von Z. Aytüre-Scheele, 80 S., 660 Farbfotos, kartoniert. ●●

Pergamano
Pergamentpapier filigran gestalten
(**5202**-2) Von J. Allmann, 32 S., 51 Farbfotos, 5 Zeichnungen, mit Vorlagebogen in Originalgröße, kart. ●

Heut basteln wir mit Pappe und Papier
(**4413**-5) Von U. Barff, J. Maier, 224 S., 117 Farbfotos, 480 Farbzeichn., 25 s/w-Abb., mit Schnittmusterbogen, Pappband. ●●●

Das große farbige Bastel- und Werkbuch
(**4439**-9) Von D. Rex, 256 S., 999 Farbfotos, 33 Farbzeichnungen, Pappband. ●●●●

Mein liebstes Spiel- und Bastelbuch
Die Welt der Dinosaurier
Tiere und Landschaften zum Selbermachen
Ausbrechen, aufstellen, spielen
(**4478**-X) Von B. Burkart, 8 Blatt mit herauslösbaren Motiven, 280-g-Karton mit Stanzung, 8 S. Bastelanleitung und Sachinformation. ●●

Mein liebstes Spiel- und Bastelbuch
Leben auf dem Bauernhof
Tiere und Motive zum Selbermachen
Ausbrechen, aufstellen, spielen
(**4479**-8) Von K. Lausche, 8 Blatt mit herauslösbaren Motiven, 280-g-Karton mit Stanzung, 8 S. Bastelanleitung und Sachinformation. ●●

Schritt für Schritt zum Scherenschnitt
Materialien · Techniken · Gestaltungsvorschläge. (**0732**-9) Von H. Klingmüller, 32 S., 38 Farbfotos, 34 Vorlagen, Pappband. ●

Fensterbilder in Scherenschnitt
(**5169**-7) Von A. Hahn, 32 S., 52 Farbfotos, 3 s/w-Fotos, mit Vorlagebogen in Originalgröße, kart. ●

Fensterbilder
Meine Lieblingstiere
(**5197**-2) Von Y. Thalheim, H. Nadolny, 32 S., 38 Farbfotos, mit Vorlagebogen in Originalgröße, kartoniert. ●

Fensterbilder Lustige Tiere
(**5210**-3) Von F. Michalski, 32 S., 47 Farbfotos, mit Vorlagebogen in Originalgröße, kart. ●

Die schönsten Fensterbilder
(**1066**-4) Von C. Kimmerle, 64 S., 100 Farbfotos, 7 Zeichnungen, kartoniert. ●●

Perfekte Fensterbilder
(**4470**-4) Von S. Haenitsch-Weiß, A. Weiß, 8 vierfarbige Bogen 280-g-Karton mit Stanzung + 16 S. zweifarbige Ein/Anleitung. ●●

Märchenhafte Fensterbilder
(**5185**-9) Von J. Maier, 32 S., 37 Farbfotos, mit Vorlagebogen in Originalgröße, kart. ●

Fensterbilder Blumen und Tiere
(**5186**-7) Von M. Twachtmann, 32 S., 41 Farbfotos, 3 Zeichnungen, mit Vorlagebogen in Originalgröße, kartoniert. ●

Papierflieger
(**5157**-3) Von T. Gött, 32 S., 73 Farbfotos, 19 Zeichnungen, mit Vorlagebogen in Originalgröße, kart. ●

Laternen und Lampions
(**5206**-5) Von C. Hüfner, 32 S., 60 Farbfotos, mit Vorlagebogen in Originalgröße, kart. ●

Mobiles aus Papier
(**5183**-2) Von J. Maier, 32 S., 17 Farbfotos, 35 Farbzeichnungen, mit Vorlagebogen in Originalgröße, kartoniert. ●

Schachteln basteln und dekorieren
(**5170**-0) Von Chr. Adjano, 32 S., 55 Farbfotos, mit Vorlagebogen in Originalgröße, kart. ●

Die große Schachtelparade
(**4438**-0) Von Present Team, 16 vierfarbige Bogen 250-g-Karton mit Schachtelstanzung mit 4 S. Einleitung. ●●●

Deco Art
Die Kunst, Geschenke zu verpacken
(**0949**-6) Von B. Niermann, 80 S., 78 Farbfotos, 191 Zeichnungen, kart. ●●

Geschenke wunderschön verpacken
(**1113**-X) Von P. Jansen, 80 S., 79 Farbfotos, 166 Farbzeichnungen, kart. ●●

Geldgeschenke · Gutscheine · Geschenkanhänger
originell gestalten und verpacken
(**1115**-6) Von S. Haenitsch-Weiß, A. Weiß, 80 S., 176 Farbfotos, kart. ●●

Geschenke verpacken für Kinderfeste
(**5195**-6) Von C. Netolitzky, 32 S., 43 Farbfotos, mit Vorlagebogen in Originalgröße, kartoniert. ●

Bunte Dekorationen für den Kindergeburtstag
Mit Spielanleitung zum Fest der Tiere
(**4471**-2) Von S. Haenitsch-Weiß, A. Weiß, 8 vierfarbige Bogen 280-g-Karton mit Stanzung + 16 S. zweifarbige Ein/Anleitung. ●●

Originelles Ambiente für Gäste
Festdekorationen
(**1049**-4) Von B. Niermann, 80 S., 125 Farbfotos, 59 Farbzeichn., kartoniert. ●●

Dekorative Schleifen
aus Bändern und Papier
(**5205**-7) Von M. Schorege, 32 S., 28 Farbfotos, 31 Farbzeichnungen, mit Vorlagebogen in Originalgröße, kart. ●●

Dekorieren und Arrangieren mit
Seidenblumen
(**5200**-6) Von M. L. Spang, 32 S., 37 Farbfotos, 14 Farbzeichnungen, mit Vorlagebogen in Originalgröße, kartoniert. ●

Glückwunschkarten
(**5179**-4) Von A. Kolb, B. Michel, 32 S., 54 Farbfotos, mit Vorlagebogen in Originalgröße, kartoniert. ●

Schmuck- und Glückwunschkarten
Papierarchitektur · Collagen · Faltschnittkarten
(**1114**-8) Von C. Sanladerer, 64 S., 55 Farbfotos, 31 Zeichnungen, kart. ●●

Altes Brauchtum neu entdeckt
Schmuck-Eier
Kunstvoll gestalten und verzieren.
(**0919**-4) Von I. Kiskalt, 32 S., 45 Farbfotos, 3 s/w-Zeichnungen, Pappband. ●

Ostereier originell dekorieren
(**5219**-7) Von W. Velte, 32 S., 44 Farbfotos, mit Vorlagebogen in Originalgröße, kartoniert. ●

Dekorationen für Ostern
(**5198**-0) Von Y. Thalheim, H. Nadolny, 32 S., 48 Farbfotos, mit Vorlagebogen in Originalgröße, kartoniert. ●

Basteln für Ostern
(**5164**-6) Von Chr. Adjano, 32 S., 47 Farbfotos, mit Vorlagebogen in Originalgröße, kartoniert. ●

Tischdekorationen für Ostern
(**5220**-0) Von Chr. Adjano, 32 S., 49 Farbfotos, mit Vorlagebogen in Originalgröße, kartoniert. ●

Weihnachtsgeschenke schön verpacken
Schachteln · Dekorationen · Geschenkpapiere
(**4469**-0) Von Present Team, 10 vierfarbige Bogen 250-g-Karton mit Stanzung, 4 Bogen Geschenkpapier + 4 S. Einleitung. ●●●

Basteln und dekorieren für
Advent und Weihnachten
(**4446**-1) Von G. Teusen, C. Netolitzky, 176 S., 285 Farbfotos, mit Bastelvorlagebogen, Pappband. ●●●

Basteln für Weihnachten
(**5162**-X) Von Chr. Adjano, 32 S., 44 Farbfotos, mit Vorlagebogen in Originalgröße, kartoniert. ●

Fensterdekorationen für die Weihnachtszeit
(**5181**-6) Von Y. Thalheim, H. Nadolny, 32 S., 33 Farbfotos, mit Vorlagebogen in Originalgröße, kartoniert. ●

Fensterbilder für Advent und Weihnachten
(**5211**-1) Von M. Schorege, 32 S., 24 Farbfotos, 15 Zeichnungen, mit Vorlagebogen in Originalgröße, kartoniert. ●

Adventskränze und weihnachtliche Gestecke
(**5203**-0) Von Y. Thalheim, H. Nadolny, 32 S., 43 Farbfotos, mit Vorlagebogen in Originalgröße, kartoniert. ●

Adventskalender
(**5178**-6) Von Y. Thalheim, H. Nadolny, 32 S., 35 Farbfotos, mit Vorlagebogen in Originalgröße, kartoniert. ●

Weihnachtsbasteleien
Advents- und Weihnachtsschmuck für groß und klein
(**0667**-5) Von M. Kühnle und S. Beck, 32 S., 56 Farbfotos, 6 Zeichnungen, Pappband. ●

Trockenblumenideen
Gewürzsträuße, Gestecke, Kränze, Buketts
(**0643**-8) Von R. Strobel-Schulze, 88 S., 170 Farbfotos, kartoniert. ●●

Neue zauberhafte Trockenblumen-Ideen
(**0821**-X) Von R. Strobel-Schulze, 80 S., 163 Farbfotos, kart. ●●

Phantasievolles Schminken
Verzauberte Gesichter für Maskeraden, Laienspiele und Kinderfeste
(**0907**-0) Hrsg.: H. u. Y. Nadolny, 64 S., 227 Farbfotos, kartoniert. ●●

Schminken für Kinder
(**5177**-8) Von Y. Thalheim, H. Nadolny, 32 S., 68 Farbfotos, mit Vorlagebogen in Originalgröße, kartoniert. ●

Moderne Fotopraxis
(**4401**-1) Von G. Koshofer, Prof. H. Wedewardt, 224 S., 363 Farbfotos, 106 s/w-Fotos, 5 Farb- und 24 s/w-Zeichnungen, Pappband. ●●●

Mach dir ein Bild
Praxistips für Foto, Film und Video
(**4410**-0) Von G. Staab, 208 S., 202 Farbfotos, 175 s/w-Fotos, 1 Zeichnung, Pappband. ●●●

So macht man bessere Fotos
(**1158**-X) Von G. Koshofer, 144 S., 259 Farbfotos, 25 s/w-Fotos, kartoniert. ●●

Aktfotografie
Interpretationen zu einem unerschöpflichen Thema. Gestaltung · Technik · Spezialeffekte.
(**0737**-X) Von H. Wedewardt, 88 S., 144 Farb- und 6 s/w-Fotos, 6 Zeichnungen, kart. ●●

Videografieren
Filmen mit Video 8. Technik – Bildgestaltung – Schnitt – Vertonung.
(**0843**-0) Von M. Wild, K. Möller, 120 S., 101 Farbfotos, 22 s/w-Fotos, 52 Zeichnungen, kart. ●●●

Videografieren perfekt
Profitricks für Aufnahmetechnik und Nachbearbeitung
(**0969**-0) Von W. Schild, 120 S., 144 Farbabb., 5 s/w-Zeichnungen, kart. ●●●

Do it yourself und Technik

Do it yourself
Kleinmöbel aus Holz
(**0905**-4) Von O. Maier, 128 S., 210 Farbfotos, 80 Zeichnungen, kart. ●●

Do it yourself
Sanitärinstallationen
(**1118**-0) Von W. Kawlath, 96 S., 214 Farbabbildungen, kartoniert. ●●

Do it yourself
Metall bearbeiten
(**1119**-9) Von O. Maier, 96 S., 230 Farbfotos, 6 s/w-Zeichnungen, kartoniert. ●●

Do it yourself
Elektroarbeiten
(**0975**-5) Von K. H. Schubert, 120 S., 193 Farbfotos, 40 Zeichnungen, kartoniert. ●●

Do it yourself
Fahrrad-Reparaturen
(**0796**-5) Von R. van der Plas, 112 S., 140 Farbfotos, 113 farbige Zeichnungen, kartoniert. ●●

Möbel
aufarbeiten, reparieren, pflegen
(**0386**-2) Von E. Schnaus-Lorey, 96 S., 28 Fotos, 101 Zeichnungen, kartoniert. ●

Restaurieren von Möbeln
Stilkunde, Materialien, Techniken, Arbeitsanleitungen in Bildfolgen.
(**4120**-9) Von E. Schnaus-Lorey, 152 S., 37 Farbfotos, 75 s/w-Fotos, 352 Zeichnungen, Pappband. ●●●●

FALKEN-Heimwerker-Praxis
Mofa- und Moped-Reparaturen
(**1008**-7) Von T. Kohlmey, 128 S., 280 Farbabbildg. und Zeichnungen, kartoniert. ●●

Elektronik als Hobby
Von der Grundlagenschaltung zum integrierten Schaltkreis
Mit 8 wichtigen Universalplatinen
(**4293**-0) Von W. Priesterath, 264 S., 80 s/w-Fotos, 128 Zeichnungen, Pappband. ●●●

Anlagenbau in Modultechnik
für Modelleisenbahnen und Dioramen.
(**0845**-7) Von J. Thal, 104 S., 68 Farbfotos, 28 Zeichnungen, kartoniert. ●●●

Kleine Welt auf Rädern
Das faszinierende Spiel mit **Modelleisenbahnen** (**4175**-6) Von F. Eisen, 256 S., 72 Farb- und 180 s/w-Fotos, 25 Zeichnungen, Pappband. ●●●

Die Super-Sportwagen der Welt
(**4423**-2) Von H. G. Isenberg, 194 S., 184 Farbfotos, 4 farbige Ausklapptafeln, 32 s/w-Fotos, Pappband. ●●●●

Die Super-Oldtimer der Welt
(**4465**-8) Von H. G. Isenberg, 194 S., 161 Farb- und 36 s/w-Fotos, 4 Ausklapptafeln, Pappband. ●●●●

Die Super-Trucks der Welt
(**4257**-4) Von H. G. Isenberg, 194 S., 205 Farbfotos, 87 s/w-Fotos, 7 Farbzeichnungen, 4 farb. Ausklapptafeln, Pappband. ●●●●

Die Super-Motorräder der Welt
(**4193**-4) Von H. G. Isenberg, 192 S., 170 Farb- und 100 s/w-Fotos, 8 Zeichnungen, Pappband. ●●●●

Die Super-Eisenbahnen der Welt
(**4287**-6) Von W. Kosak, H. G. Isenberg, 224 S., 269 Farbfotos, 79 s/w-Fotos, 8 Vignetten, 5 farb. Ausklapptafeln, Pappband. ●●●●

Die Super-Dampfloks der Welt
(**4480**-1) Von H. Faust, H. G. Isenberg, 194 S., 193 Farbfotos, mit vier Ausklapptafeln, Pappband. ●●●●

Plastikmodellbau
Autos, Schiffe, Flugzeuge in vollendeter Technik.
(**1116**-4) Von W. Kawlath, 96 S., 272 Farbabbildungen, kartoniert. ●●

Sport und Fitneß

Neue Lehrmethoden der Judo-Praxis
(**0424**-9) Von P. Herrmann, 223 S., 475 Abb., kartoniert. ●●

Fit mit Judo
(**2319**-7) Von K. Fuchs, 112 S., 193 Farbfotos, kartoniert. ●●

Fußwürfe
für Judo, Karate und Selbstverteidigung.
(**0439**-7) Von H. Nishioka, übers. von H. J. Heese, 96 S., 260 Abb., kart. ●●

Modernes Karate
Das große Standardwerk mit 2279 Abbildungen.
(**4280**-9) Von T. Okazaki, Dr. med. M.V. Stricevic, übers. von M. Pabst, 376 S., 2279 s/w-Abb., Pappband. ●●●●●

Nakayamas Karate perfekt 1
Einführung.
(**0487**-7) Von M. Nakayama, 136 S., 605 s/w-Fotos, kart. ●●

Nakayamas Karate perfekt 2
Grundtechniken.
(**0512**-1) Von M. Nakayama, 136 S., 354 s/w-Fotos, 53 Zeichnungen, kart. ●●

Nakayamas Karate perfekt 3
Kumite 1. Kampfübungen.
(**0538**-5) Von M. Nakayama, 128 S., 424 s/w-Fotos, kart. ●●

Nakayamas Karate perfekt 4
Kumite 2: Kampfübungen.
(**0547**-4) Von M. Nakayama, 128 S., 394 s/w-Fotos, kart. ●●

Nakayamas Karate perfekt 5
Kata 1: Heian, Tekki.
(**0571**-7) Von M. Nakayama, 144 S., 1229 s/w-Fotos, kart. ●●

Nakayamas Karate perfekt 6
Kata 2: Bassai-Dai, Kanku-Dai.
(**0600**-4) Von M. Nakayama, 144 S., 1300 s/w-Fotos, 107 Zeichnungen, kart. ●●

Nakayamas Karate perfekt 7
Kata 3: Jitte, Hangetsu, Empi.
(**0618**-7) Von M. Nakayama, 144 S., 1988 s/w-Fotos, 105 Zeichnungen, kart. ●●

Nakayamas Karate perfekt 8
Gankaku, Jion. (**0650**-0) Von M. Nakayama, 144 S., 1174 s/w-Fotos, 99 Zeichnungen, kart. ●●

Fit mit Karate
(**2308**-1) Von A. Pflüger, 96 S., 134 Farbfotos, 4 s/w-Zeichnungen, kart. ●●

25 Shotokan-Katas
Auf einen Blick: Karate-Katas für Prüfungen und Wettkämpfe.
(**0859**-7) Von A. Pflüger, 88 S., 185 s/w-Abb., 24 ganzseitige Tafeln mit über 1.600 Einzelschritten, kart. ●●

Bo-Karate
Habo-Jitsu – die Techniken des Stockkampfes.
(**0447**-8) Von G. Stiebler, 176 S., 424 s/w-Fotos, 38 Zeichnungen, kart. ●●

Karate 1
Einführung · Grundtechniken.
(**0227**-0) Von A. Pflüger, 144 S., 195 s/w-Fotos, 120 Zeichnungen, kart. ●

Karate 2
Kombinationstechniken · Katas.
(**0239**-4) Von A. Pflüger, 176 S., 452 s/w-Fotos und Zeichnungen, kart. ●

Karate Kata 1
Heian 1–5, Tekki 1, Bassai Dai.
(**0683**-7) Von W.-D. Wichmann, 164 S., 703 s/w-Fotos, kart. ●●

Karate Kata 2
Jion, Empi, Kanku-Dai, Hangetsu.
(**0723**-X) Von W.-D. Wichmann, 140 S., 661 s/w-Fotos, 4 Zeichnungen, kart. ●●

Karate Kata 3
Bassai Sho, Kanku Sho, Nijushiho, Sochin
(**1120**-2) Von W.-D. Wichmann, 144 S., 598 s/w-Fotos, 4 Grafiken, kart. ●●

Der König des Kung Fu
Bruce Lee
Sein Leben und Kampf
Von seiner Frau Linda
(**0392**-7) Von Linda Lee, 136 S., 104 s/w-Fotos, kartoniert. ●●

Bruce Lees Kampfstil 1
Grundtechniken.
(**0473**-7) Von B. Lee, M. Uyehara, 109 S., 220 Abb., kart. ●

Bruce Lees Kampfstil 2
Selbstverteidigungs-Techniken.
(**0486**-9) Von B. Lee, M. Uyehara, 128 S., 310 Abb., kart. ●

Bruce Lees Kampfstil 3
Trainingslehre.
(**0503**-2) Von B. Lee, M. Uyehara, 112 S., 246 Abb., kart. ●

Bruce Lees Kampfstil 4
Kampftechniken.
(**0523**-7) Von B. Lee, M. Uyehara, 104 S., 211 Abb., kart. ●

Kung-Fu 1
Legende · Philosophie · Grundtechniken
(**0891**-0) Von Chr. Yim, 152 S., 401 s/w-Fotos, 2 s/w-Zeichnungen, kart. ●●

Kung-Fu und Tai-Chi
Grundlagen und Bewegungsabläufe
(**0367**-6) Von B. Tegner, 182 S., 370 s/w-Fotos, kart. ●●

Kung Fu
Theorie und Praxis klassischer und moderner Stile
(**0376**-5) Von M. Pabst, 160 S., 330 Abbildungen, kartoniert. ●●

Bruce Lees Jeet Kune Do
(**0440**-0) Von B. Lee, 192 S., mit 105 eigenhändigen Zeichnungen von B. Lee, kart. ●●

Shaolin-Kempo – Kung-Fu
Chinesisches Karate im Drachenstil.
(**0395**-1) Von R. Czerni, K. Konrad, 246 S., 723 Abb., kart. ●●

Kickboxen
Fitneßtraining und Wettkampfsport.
(**0795**-7) Von G. Lemmens, 96 S., 208 s/w-Fotos, 23 Zeichnungen, kart. ●●

Ninja 1
Die Lehre der Schattenkämpfer.
(**0758**-2) Von S. K. Hayes, übers. von J. Schmit, 144 S., 137 s/w-Fotos, kart. ●●

Ninja 2
Die Wege zum Shoshin.
(**0763**-9) Von S. K. Hayes, übers. von J. Schmit, 160 S., 309 s/w-Fotos, 2 Zeichnungen, kart. ●●

Ninja 3
Der Pfad des Togakure-Kämpfers.
(**0764**-7) Von S. K. Hayes, übers. von J. Schmit, 144 S., 197 s/w-Fotos, 2 Zeichnungen, kart. ●●

Ninja 4
Das Vermächtnis der Schattenkämpfer.
(**0807**-4) Von S. K. Hayes, übers. von J. Schmit, 196 S., 466 s/w-Fotos, kart. ●●

Taekwondo perfekt 1
Die Formenschule bis zum Blaugurt.
(**0890**-2) Von K. Gil, Kim Chul-Hwan, 176 S., 439 s/w-Fotos, 107 Zeichnungen, kart. ●●

Taekwondo perfekt 2
Die Formenschule vom Blau- bis zum Schwarzgurt
(**0976**-3) Von K. Gil, K. Chul-Hwan, 192 S., 461 s/w-Fotos, 112 Zeichnungen, kart. ●●

Taekwondo perfekt 3
(**1068**-0) Von K. Gil, K. Chul-Hwan, 200 S., 429 s/w-Fotos, kartoniert. ●●

Taekwondo
Koreanischer Kampfsport
(**0347**-1) Von K. Gil, 152 S., 408 Abbildungen, kartoniert. ●●

Ju-Jutsu als Wettkampf
(**0826**-0) Von G. Kulot, 168 S., 418 s/w-Fotos, 2 Zeichnungen, kart. ●●

Ju-Jutsu 1
Grundtechniken · Moderne Selbstverteidigung.
(**0276**-9) Von W. Heim, F. J. Gresch, 164 S., 450 s/w-Fotos, 8 Zeichn., kart. ●

Ju-Jutsu 2
für Fortgeschrittene und Meister.
(**0378**-1) Von W. Heim, F. J. Gresch, 160 S., 798 s/w-Fotos, kart. ●●

Ju-Jutsu 3
Spezial-, Gegen- und Weiterführungs-Techniken · Stockkampfkunst.
(**0485**-0) Von W. Heim, F. J. Gresch, 200 S., über 600 s/w-Fotos, kart. ●●

Aikido
Lehren und Techniken des harmonischen Weges.
(**0537**-7) Von R. Brand, 280 S., 697 Abb., kart. ●●

Hap Ki Do
Koreanische Selbstverteidigung nach dem Lehrsystem des Großmeisters.
(**0379**-X) Von Kim Sou Bong, 112 S., 152 Abb., kart. ●●

Dynamische Tritte
Grundlagen für den Zweikampf. (**0438**-9) Von C. Lee, 96 S., 398 s/w-Fotos, 10 Zeichnungen, kart. ●●

Selbstverteidigung
Abwehrtechniken für Sie und Ihn.
(**0853**-8) Von E. Deser, 96 S., 259 s/w-Fotos, kart. ●

Die Faszination athletischer Körper
Bodybuilding
mit Weltmeister Ralf Möller.
(**4281**-7) Von R. Möller, 128 S., 169 Farbfotos, 14 s/w-Fotos, 1 Farbzeichnung, Pappband. ●●●●

Ladyfitneß
Das neue Körperbewußtsein der Frau
Bodyshaping · Körperpflege · Ernährung · Entspannung
(**4433**-X) Von Prof. Dr. S. Starischka, B. Grabis, D. von Cramm, G. W. Kienitz, 128 S., 227 Farbfotos, Pappband. ●●●

Bodybuilding für Frauen
Wege zu Ihrer Idealfigur
(**0661**-6) Von H. Schulz, 112 S., 84 s/w-Fotos, 4 Zeichnungen, kart. ●

Fit mit Bodybuilding
(**2314**-6) Von L. Spitz, 112 S., 203 Farbabbildungen, 10 Tabellen. ●●

Bodybuilding
Anleitung zum Muskel- und Konditionstraining für sie und ihn
(**0604**-7) Von R. Smolana, 160 S., 171 s/w-Fotos, kartoniert. ●●

Leistungsfähiger durch Krafttraining
Eine Anleitung für Fitness-Sportler, Trainer und Athleten.
(**0617**-9) Von W. Kieser, 96 S., 20 s/w-Fotos, 62 Zeichnungen, kart. ●

Hanteltraining zu Hause
(**0800**-7) Von W. Kieser, 80 S., 71 s/w-Fotos, 4 Zeichnungen, kartoniert. ●

Fit und gesund
Fitneßtraining und Bodybuilding zu Hause. Trainingsprogramme für Ihr Wohlbefinden.
(**0782**-5) Von Prof. Dr. S. Starischka, 80 S., 100 Farbfotos, 3 Zeichnungen, kart. ●●

Optimale Ernährung
für Krafttraining und Bodybuilding.
(**0912**-7) Von B. Dahmen, 88 S., 8 Farbtafeln, 8 Zeichnungen, kart. ●

Fit mit Bio-Training
für Kraft, Ausdauer und Schnelligkeit.
(**2310**-3) Von L. Spitz, 112 S., 197 Farbfotos, 11 Farb- und 4 s/w-Zeichnungen, kart. ●●

Gesund und fit durch **Konditionstraining und Wirbelsäulengymnastik**
(**0844**-9) Von R. Milser und K. Grafe, 104 S., 99 Farbfotos, 12 Farbzeichnungen, 5 s/w-Zeichnungen, kart. ●●

Fit mit Tai Chi
als sanfte Körpererfahrung
(**2305**-7) Von B. u. K. Moegling, 112 S., 121 Farbfotos, 6 Farb-u. 4 s/w-Zeichnungen, kart. ●●

Isometrisches Training
Übungen für Muskelkraft und Entspannung.
(**0529**-6) Von L. M. Kirsch, 104 S., 150 s/w-Fotos, kart. ●●

Stretching
Mit Dehnungsgymnastik zu Entspannung, Geschmeidigkeit und Wohlbefinden.
(**0717**-5) Von H. Schulz, 80 S., 90 s/w-Fotos, kart. ●

Fit mit Stretching
(**2304**-9) Von B. Kurz, 96 S., 255 Farbfotos, kart. ●●

Gesund und fit durch Gymnastik
(**0366**-8) Von H. Pilss-Samek, 88 S., 130 Abb., kart. ●

Fit und frisch
Gymnastik für die ganze Familie
(**6501**-9) Von G. Sieber, 104 S., 306 Farbfotos, 5 Farbzeichnungen, kart., mit Audiokassette, Laufzeit 30 Min. ●●●

Fit mit Laufen
(**2315**-4) Von W. Sonntag, 96 S., 60 Farbfotos, 8 Farbzeichnungen, kart. ●●

Spaß am Laufen
Jogging für die Gesundheit
(**0470**-2) Von W. Sonntag, 140 S., 41 s/w-Fotos, 1 Zeichnung, kartoniert. ●

ZDF Sportjahrbuch 90
Rekorde · Siege · Schicksale · Ergebnisse
Die Höhepunkte der Fußball-WM
(**4481**-X) Hrsg. von Bernd Heller, 208 S., 245 Farbfotos und Tabellen, kart. ●●●

Skateboard
Material · Technik · Fahrpraxis
(**1104**-0) Von F. Böhm, M. Rieger, 96 S., 321 Farbabbildungen, kartoniert. ●●●

Fit mit Sportschießen
(**2312**-X) Von H. Gabelmann, 96 S., 44 Farbabbildungen, 3 s/w-Fotos, 19 s/w-Zeichnungen, kart. ●●

Fechten
Florett · Degen · Säbel.
(**0449**-4) Von E. Beck, 88 S., 185 Fotos, 10 Zeichnungen, kart. ●●

Fit mit Sportabzeichen
(**2307**-3) Von G. Hennige, 104 S., 107 Farbfotos, kart. ●●

Volleyball
Technik · Taktik · Regeln.
(**0351**-X) Von H. Huhle. 104 S., 330 Abb., kart. ●

Fit mit Volleyball
(**2302**-2) Von Dr. A. Scherer, 104 S., 27 Farb- und 1 s/w-Foto, 12 Farb- und 29 s/w-Zeichnungen, kart. ●●

Fit mit Fußball
(**2309**-X) Von H. Obermann, P. Walz, 112 S., 47 Farbfotos, 18 Farb- und 25 s/w-Zeichnungen, kart. ●●

Sepp Maier
Super-Torwart-Training
(**4451**-8) Von S. Maier, 168 S., 30 Farb- und 34 s/w-Fotos, 236 zweifarbige Zeichnungen, Pappband. ●●●

Fußball-Jahrbuch 90
Mit großem Sonderteil Fußball-WM
(**4489**-5) Hrsg. von H. Faßbender, 208 S., 310 Farbfotos und Tabellen, kart. ●●●

SportRegeln Fußball
Die offiziellen Regeln
Wissenswertes von A bis Z
(**1096**-6) 104 S., 36 s/w-Fotos, 27 Zeichnungen, kart. ●

Handball
Technik · Taktik · Regeln.
(**0426**-5) Von F. und P. Hattig, 128 S., 91 s/w-Fotos, 121 Zeichnungen, kart. ●●

Handball
Grundlagen für Training und Spiel
(**2321**-9) Von H.-P. Oppermann, 120 S., 39 Farbtafeln, 12 s/w-Fotos, 108 Farbzeichnungen, kartoniert. ●●

SportRegeln Handball
Die offiziellen Regeln
Wissenswertes von A bis Z
(**1099**-6) 88 S., 32 s/w-Fotos, 14 Zeichnungen, kart. ●

Tennis
Technik · Taktik · Regeln.
(**0375**-7) Von W. u. S. Taferner, 112 S., 81 Abb., kart. ●

SportRegeln Tennis
Die offiziellen Regeln
Wissenswertes von A bis Z
(**1097**-4) 88 S., 24 s/w-Fotos, 6 Zeichnungen, kart. ●

Tischtennis-Technik
Der individuelle Weg zu erfolgreichem Spiel.
(**0775**-2) Von M. Perger, 144 S., 296 Abb., kart. ●●

Badminton
Technik · Taktik · Training.
(**0699**-3) Von K. Fuchs, L. Sologub, 168 S., 51 Abb., kart. ●●

Fit mit Squash
(**2311**-1) Von P. Langhammer, R. Michna, 96 S., 86 Farbfotos, 13 Farbzeichn., kart. ●●

Squash
Ausrüstung · Technik · Regeln
(**0539**-3) Von D. von Horn, H.-D. Stünitz, 96 S., 55 s/w-Fotos, 25 Zeichnungen, kart. ●

SportRegeln Squash
Die offiziellen Regeln
Wissenswertes von A bis Z
(**1100**-8) 64 S., 11 s/w-Fotos, 23 Zeichnungen, kart. ●

Golf
Ausrüstung und Technik.
(**0343**-9) Von J. C. Jessop, übersetzt von H. Biemer, mit einem Vorwort von H. Krings, Präsident des Deutschen Golf-Verbandes, 96 S., 57 Abb., Anhang Golfregeln des DGV, kart. ●●

Eishockey
Lauf- und Stocktechnik, Körperspiel, Taktik, Ausrüstung und Regeln. (**0414**-1) Von J. Capla, 264 S., 548 s/w-Fotos, 163 Zeichnungen, kart. ●●

Pool-Billard
(**0484**-2) Herausgegeben vom Deutschen Pool-Billard-Bund. Von M. Bach, K.-W. Kühn, 104 S., 64 Abb., kart. ●

Tanzstunde
Das Welttanzprogramm leicht gelernt
(**4409**-2) Von G. Hädrich, 164 S., 489 s/w-Fotos, 63 Zeichnungen, Pappband. ●●●

Tanzen
(**2303**-0) Von K. Richter, H. Kleinow, 96 S., 102 Farbfotos, kart. ●●

Wir lernen Tanzen
(**0200**-9) Von E. Fern, 152 S., 119 s/w-Fotos, 47 Zeichnungen, kartoniert. ●●

Dancing
Moderne Discotänze: mit Mambo und Salsa
(**0977**-1) Von B. und F. Weber, 96 S., 207 s/w-Fotos, kart. ●●

Dirty Dancing
Step by Step leicht gelernt
(**0992**-5) Von D. Glück, G. Teusen, 80 S., 140 Farbfotos, kart. ●●

Anmutig und fit durch
Bauchtanz
(**0911**-9) Von Marta, 120 S., 229 Farbfotos, 6 s/w-Zeichnungen, kart. ●●

Sporttauchen
Theorie und Praxis des Gerätetauchens
(**0647**-0) Von S. Müßig, 144 S., 8 Farbtafeln, 35 s/w-Fotos, 89 Zeichnungen, kart. ●●

Fit mit Sporttauchen
(**2320**-0) Von Dr. F. Naglschmid, 112 S., 71 Farbfotos, 21 Zeichnungen, kart. ●●

Angelfischerei von Aal bis Zander
Fische · Geräte · Technik.
(**0324**-2) Von H. Oppel, 72 S., 16 Farbtafeln, 49 s/w-Abb., kart., ●●

Angeln
Kleine Fibel für den Sportfischer.
(**0198**-3) Von E. Bondick, 80 S., 4 Farbtafeln, 116 Abb., kart. ●

Fit mit
Surfen
(**2317**-3) Von H. Mönster, K.-H. Eden, B. Bohr, 104 S., 110 Farbfotos, 23 s/w-Zeichnungen, kartoniert. ●●

TELESKI
Skigymnastik perfekt
(**1037**-0) Von M. Vorderwülbecke, G. Kern, 120 S., 220 Farbfotos, 16 farbige Grafiken, 19 Farbzeichnungen, kartoniert. ●●

Fibel für Kegelfreunde
Sport- und Freizeitkegeln · Bowling
(**0191**-6) Von G. Bocsai, 72 S., 62 Abb., kart. ●

Fit mit Kegeln
(**2301**-4) Von G. Gromann, 96 S., 51 Farbfotos, 50 Farb- und 4 s/w-Zeichnungen, kart. ●●

111 spannende Kegelspiele
(**2031**-7) Von H. Regulski, 80 S., 53 Zeichnungen, kart. ●

Beliebte und neue
Kegelspiele
(**0271**-8) Von H. Regulski, 92 S., 62 Abbildungen, kartoniert. ●

Schach

Einführung in das Schachspiel
(**0104**-5) Von W. Wollenschläger und K. Colditz, 112 S., 116 Diagramme, kart. ●

Schach, das königliche Spiel
Von den Grundzügen zum strategischen Spiel.
(**1105**-9) Von T. Schuster, 192 S., 302 Diagramme, kart. ●●

Spielend Schach lernen
(**2002**-3) Von T. Schuster, 96 S., kartoniert. ●

Kinder- und Jugendschach
Offizielles Lehrbuch des Deutschen Schachbundes zur Erringung der Bauern-, Turm- und Königsdiplome.
(**0561**-X) Von B. J. Withuis, H. Pfleger, 144 S., 220 Zeichnungen und Diagramme, kart. ●●

Zug um Zug
Schach für jedermann 1
Offizielles Lehrbuch des Deutschen Schachbundes zur Erringung des Bauerndiploms.
(**0648**-9) Von H. Pfleger, E. Kurz, 80 S., 24 s/w-Fotos, 8 Zeichn., 60 Diagramme, kart. ●

Zug um Zug
Schach für jedermann 2
Offizielles Lehrbuch des Deutschen Schachbundes zur Erringung des Turmdiploms.
(**0659**-4) Von H. Pfleger, E. Kurz, 128 S., 7 s/w-Fotos, 13 Zeichnungen, 78 Diagramme, kart. ●

Zug um Zug
Schach für jedermann 3
Offizielles Lehrbuch des Deutschen Schachbundes zur Erringung des Königdiploms.
(**0728**-0) Von H. Pfleger, G. Treppner, 128 S., 4 s/w-Fotos, 84 Diagramme, 10 Zeichnungen, kart. ●●

Schach für Fortgeschrittene
Taktik und Probleme des Schachspiels
(**0219**-X) Von R. Teschner, 88 S., 85 Diagramme, kart. ●

Neue Schacheröffnungen
(**0478**-8) Von T. Schuster, 104 S., 100 Diagramme, kart. ●

Klassische Schacheröffnungen
(**1086**-9) Von T. Schuster, 144 S., zahlr. Diagramme, kart. ●●

Najdorf für Turnierspieler
Theorie und Praxis eines komplexen Eröffnungssystems. (**1121**-0) Von Dr. J. Nunn, 304 S., 202 Diagramme, kart. ●●●

Lehr-, Übungs- und Testbuch der
Schachkombinationen
(**0649**-7) Von K. Colditz, 184 S., 227 Diagramme, kartoniert. ●●

Erfolgreiche Schachlehre
Eröffnungs- und Mittelspielstrategie
(**0991**-7) Von D. Bronstein, 254 S., 201 Diagramme, Pappband. ●

Spaß am Kombinieren
(**1057**-5) Von A. Pötzsch, 192 S., 365 Diagramme, Pappband. ●●

Erfolgreich angreifen
Der Königsflügel im Visier
(**1058**-3) Von J. Neistadt, 192 S., 183 Diagramme, Pappband. ●●

Erfolgreich angreifen
Der Damenflügel und das Zentrum im Visier
(**1123**-7) Von J. Neistadt, 172 S., 163 Diagramme, Pappband. ●●

Sizilianisch siegen
durch die Kunst der Verteidigung
(**0990**-2) Von M. Taimanow, 160 S., 124 Diagramme, Pappband. ●●

Schach dem König
333 Kurzpartien unter 30 Zügen
(**1124**-5) Von A. Roismann, 272 S., 222 Diagramme, Pappband. ●●

Schnelle Schachsiege
Das meisterliche Gambitspiel
(**1038**-9) Von S. Samarian, 28 S., 125 Diagramme, kartoniert. ●●

Offizielles Lehrbuch des Deutschen Schachbundes
Das systematische Schachtraining
Trainingsmethoden, Strategien und Kombinationen.
(**0857**-0) Von Sergiu Samarian, 152 S., 159 Diagramme, 1 Zeichnung, kartoniert. ●●

Taktische Schachendspiele
(**0752**-3) Von J. Nunn, 208 S., 152 Diagramme, kart. ●●

Schachstrategie
Ein Intensivkurs mit Übungen und ausführlichen Lösungen.
(**0584**-9) Von A. Koblenz, dt. Bearb. von K. Colditz, 212 S., 240 Diagramme, kart. ●●

Schachtraining mit den Großmeistern
(**0670**-5) Von H. Bouwmeester, 128 S., 90 Diagramme, kart. ●●

So denkt ein Schachmeister
Strategische und taktische Analysen.
(**0915**-1) Von H. Pfleger, G. Treppner, 120 S., 75 Diagramme, kart. ●●

Schach als Kampf
Meine Spiele und mein Weg.
(**0729**-9) Von G. Kasparow, 144 S., 95 Diagramme, 9 s/w-Fotos, kart. ●●

Kasparows Schacheröffnungen
(**1021**-4) Von O. Borik, 136 S., 16 s/w-Fotos, kartoniert. ●●

Schach-WM 1990
Kasparow-Karpow
(**1122**-9) Von O. Borik, Dr. H. Pfleger, 136 S., zahlreiche Diagramme, kartoniert. ●●

Mensch und Gesundheit

Der moderne Ratgeber
Wir werden Eltern
Schwangerschaft · Geburt · Erziehung des Kleinkindes.
(**4269**-8) Von B. Nees-Delaval, 376 S., 335 2-farbige Abb., Pappband. ●●●●

Wenn Sie ein Kind bekommen
(**4003**-2) Von U. Klamroth, Dr. med. H. Oster, 240 S., 86 s/w-Fotos, 30 Zeichnungen, kartoniert. ●●●

Wenn der Mensch zum Vater wird
Ein heiter-besinnlicher Ratgeber
(**4259**-0) Von D. Zimmer, 160 S., 20 Zeichnungen, Pappband. ●●●

Vorbereitung auf die Geburt und
Schwangerschaftsgymnastik
Atmung, Rückbildungsgymnastik.
(**0251**-3) Von S. Buchholz, 112 S., 98 s/w-Fotos, kartoniert. ●

Die Kunst des Stillens
nach neuesten Erkenntnissen (**0701**-9) Von Prof. Dr. med. E. Schmidt, S. Brunn, 112 S., 20 Fotos und Zeichnungen, kart. ●

Das Babybuch
Pflege · Ernährung · Entwicklung
(**0531**-8) Von A. Burkert, 96 S., 76 zweifbg. Zeichnungen, 22 s/w-Zeichnungen, kart. ●●

Babyfitneß
Massage, Spiele, Gymnastik und Schwimmen für Kinder im 1. Lebensjahr
(**1034**-6) Von G. Zeiß, 112 S., 179 zweifarbige Illustrationen, kartoniert. ●●

Wenn Kinder krank werden
Medizinischer Ratgeber für Eltern
(**4240**-X) Von Dr. med. I. J. Chasnoff, B. Nees-Delaval, 232 S., 163 Zeichnungen, Pappband. ●●●

Keinen Mann um jeden Preis
Das neue Selbstverständnis der Frau in der Partnerbeziehung
(**4440**-2) Von Shere Hite, Kate Colleran, 208 S., Pappband. ●●●

Total verknallt ... und keine Ahnung?
Alles über Liebe, Sex und Zärtlichkeit
(**1024**-9) Von H. Bruckner, R. Rathgeber, 104 S., 38 Abbildungen, kartoniert. ●●

Sinnliche Liebe
Sex und Partnerschaft
(**4436**-4) Von Dr. A. Stanway, 160 S., 60 vierfarbige Illustrationen, Pappband. ●●●●

Streicheleinheiten für Körper und Seele
Partnermassage
(**4444**-5) Von Chr. Unseld-Baumanns, 136 S., 145 Farbfotos, Pappband. ●●●●

Bildatlas des menschlichen Körpers
(**4177**-2) Von G. Pogliani, V. Vannini, 112 S., 402 Farbabb., 28 s/w-Fotos, Pappband. ●●●

Nahrungsmittelallergien
So ernähren Sie sich richtig!
(**0913**-5) Von Priv.-Doz. Dr. med. Dr. med. habil. J. von Mayenburg, Prof. Dr. med. Dr. phil. S. Borelli, E. Polster, 136 S., kart. ●●

Arteriosklerose
Risikofaktoren/Vorbeugung/Therapie
Richtige Ernährung bei erhöhtem Cholesterinspiegel.
(**1020**-6) Von Prof. Dr. med. G. Assmann, Dr. troph. U. Wahrburg, 192 S., 84 farb. Abb., 4 s/w-Zeichnungen, kartoniert. ●●●

Asthma
Pseudokrupp, Bronchitis und Lungenemphysem
Krankheitsbilder · Diagnose · Therapie
(**1126**-1) Von Prof. Dr. med. W. Schmidt, S. Ertelt, 152 Seiten, 110 zweifarbige Zeichnungen, kartoniert. ●●●

Asthma
Pseudokrupp, Bronchitis und Lungenemphysem. (**0778**-7) Von Prof. Dr. med. W. Schmidt, 120 S., 56 Zeichnungen, kart. ●

Gallenleiden
Krankheitsbilder, Behandlung, Therapieverfahren, Selbstbehandlung. Richtige Lebensführung und Ernährung.
(**0673**-X) Von Dr. med. K. Steffens, 104 S., 34 Zeichnungen, kartoniert. ●

Diabetes
Krankheitsbild, Therapie, Kontrollen, Schwangerschaft, Sport, Urlaub, Alltagsprobleme. Neueste Erkenntnisse der Diabetesforschung. (**0895**-3) Von Dr. med. H. J. Krönke, 120 S., 4 Farbtafeln, 14 s/w-Fotos, 13 s/w-Zeichnungen, kartoniert. ●

Krampfadern
Ursachen, Vorbeugung, Selbstbehandlung, Therapieverfahren. (**0727**-2) Von Dr. med. K. Steffens, 112 S., 38 Abb., kartoniert. ●

Das moderne Hausbuch der Naturheilkunde
Neueste Erkenntnisse der Ganzheitsmedizin von Akupressur bis Zelltherapie.
(**4403**-8) Von G. Leibold, 448 S., 263 Farbzeichn., 15 s/w-Fotos, Pappband. ●●●●●

Naturkosmetik
Die Grundlagen gesunder und natürlicher Hautpflege.
(**1080**-X) Von N. E. Haas, 120 S., 63 Farbabb., kartoniert. ●●

Die sanfte Art des Heilens
Homöopathie
Praktische Anwendung und Arzneimittellehre
(**4418**-X) Von J. H. P. Kreuter, 216 S., 49 Zeichnungen, Pappband. ●●●

Aromatherapie
Gesundheit und Entspannung durch ätherische Öle.
(**1131**-8) Von K. Schutt, 96 S., 40 zweifarbige Abbildungen, kartoniert. ●●

Heilatmen
Ein Weg zu Lebenskraft und innerer Harmonie
(**1047**-8) Von K. Schutt, 112 S., 57 zweifarbige Abb., kartoniert. ●●●

Wetterfühligkeit
Vorbeugen und behandeln
Der Einfluß von Wetter und Klima auf Körper und Psyche.
(**0998**-4) Von Dipl.-Met. H. Trenkle, fachl. Beratung Prof. Dr. V. Faust, 120 S., 8 Farbtafeln, 31 zweifarbige Abbildungen und Tabellen, kartoniert. ●●

Bewährte Naturheilverfahren bei
Herz-Kreislauf-Erkrankungen
(**1084**-2) Von Dr. med. O. Wolff, G. Leibold, 104 S., kartoniert. ●

Krebsangst und Krebs behandeln
Mit einem Vorwort von Prof. Dr. med. Friedrich Douwes.
(**0839**-2) Von G. Leibold, 104 S., kartoniert. ●

Bewährte Naturheilverfahren bei
Krebs
(**1082**-6) Hrsg. H.-R. Heiligtag, 88 S., kartoniert. ●

Heilen mit Blütenenergien
nach Dr. Bach
(**1141**-5) Von J. Wenzel, ca. 96 S., kart. ●

Bewährte Naturheilverfahren bei
Migräne und Schlafstörungen
(**1081**-8) Von G. Leibold, Dr. med. H. Chr. Scheiner, 112 S., kartoniert. ●

Gesunder Schlaf
Schlafstörungen ohne Medikamente erfolgreich behandeln.
(**1036**-2) Von D. H. Alke, 88 S., 22 s/w-Abb., mit Audiokassette, kartoniert. ●●●

Natürliche Behandlungsmethoden bei
Rückenschmerzen
Massage · Gymnastik · Entspannung
(**4447**-X) Von Prof. Dr. med. H. Hess, K. Eder, H.-J. Montag, K. Schutt, 152 S., 168 Farbabbildungen, Pappband. ●●●

Bewährte Naturheilverfahren bei
Rückenschmerzen
mit Spezialthema Alta-Major-Methode
(**1140**-7) Von G. Leibold, ca. 96 S., kart. ●

Rheuma behandeln und lindern
Mit einem Vorwort von Dr. med. Max-Otto Bruker.
(**0836**-8) Von G. Leibold, 96 S., kartoniert. ●

Besser sehen durch Augentraining
Ein Gesundheitsprogramm zur Verbesserung des Sehvermögens.
(**0914**-3) Von K. Schutt, B. Rumpler, 96 S., 32 s/w-Zeichnungen, kartoniert. ●

Allergien behandeln und lindern
Mit einem Vorwort von Prof. Dr. med. Axel Stemmann.
(**0840**-6) Von G. Leibold, 96 S., 4 Zeichnungen, kartoniert. ●

Enzyme
Vitalstoffe für die Gesundheit
(**0677**-2) Von G. Leibold, 96 S., kartoniert. ●

Kneippkuren zu Hause
(**0779**-5) Von G. Leibold, 112 S., 25 Zeichnungen, kartoniert. ●

Besser leben durch Fasten
(**0841**-4) Von G. Leibold, 96 S., kartoniert. ●

Die echte Schroth-Kur
(**0797**-3) Von Dr. med. R. Schroth, 88 S., 2 s/w-Fotos, kartoniert. ●

Massagetechniken und Heilanzeigen
Reflexzonentherapie
(**4404**-6) Von G. Leibold, 128 S., 53 Farbzeichnungen, Pappband. ●●●

Akupressur zur Eigenbehandlung
(**0417**-6) Von G. Leibold, 112 S., 78 Abb., kartoniert. ●

Chinesische Punktmassage
Akupressur
(**4419**-4) Von F.T. Lie, 192 S., 332 zweifarbige Abb., Pappband. ●●●●

Shiatsu-Massage
Harmonisierung der Energieströme im Körper
(**0615**-2) Von G. Leibold, 196 S., 180 Abb., kartoniert. ●●●

Fußsohlenmassage
Heilanzeigen · Technik · Selbsthilfe
(**0714**-0) Von G. Leibold, 96 S., 38 Zeichnungen, kartoniert. ●

Entspannung und Schmerzlinderung durch **Massage**
(**0750**-7) Von B. Rumpler, K. Schutt, 112 S., 116 zweifarbige Zeichnungen, kart. ●

Entspannung
(**0834**-1) Von Dr. med. Chr. Schenk, 88 S., 29 Zeichnungen, kart. ●

Erfolg und Lebensfreude durch **Autogenes Training und Psychokybernetik**
(**1035**-4) Von D. H. Alke, 80 S., 2 s/w-Zeichnungen, mit Audiokassette, kartoniert. ●●●

Hypnose und Autosuggestion
Methoden · Heilwirkungen · praktische Beispiele. (**0483**-4) Von G. Leibold, 120 S., 9 Illustrationen, kart. ●

Chinesisches Schattenboxen **Tai-Ji-Quan**
für geistige und körperliche Harmonie
(**0850**-3) Von F.T. Lie, 120 S., 221 s/w-Fotos, 9 s/w-Zeichnungen, Beilage: 1 s/w-Poster mit zahlreichen Abbildungen, kart. ●●

Yoga
Weg zur Harmonie
(**4417**-8) Von A. Harf, W. von Rohr, 176 S., 171 Farbfotos, 12 s/w-Zeichnungen, Pappband. ●●●●

Yoga gegen Haltungsschäden und Rückenschmerzen
(**0394**-3) Von A. Raab, 104 S., 215 Abb., kartoniert. ●

Neue Rezepte für **Diabetiker-Diät**
Vollwertig · abwechslungsreich · kalorienarm.
(**0418**-4) Von M. Oehlrich, 96 S., 8 Farbtafeln, kartoniert. ●

Diät bei Herzkrankheiten und Bluthochdruck
Rezeptteil von B. Zöllner.
(**3202**-1) Von Prof. Dr. med. H. Rottka, 92 S., 4 Farbtafeln, kartoniert. ●●

Diät bei Erkrankungen der Nieren, Harnwege und bei Dialysebehandlung
Rezeptteil von B. Zöllner.
(**3203**-X) Von Prof. Dr. med. Dr. h. c. H. J. Sarre und Prof. Dr. med. R. Kluthe, 96 S., 33 Farbfotos, 1 s/w-Zeichnung, kartoniert. ●●

Richtige Ernährung wenn man älter wird
Rezeptteil von B. Zöllner.
(**3204**-8) Von Prof. Dr. med. H.-J. Pusch, 96 S., 36 Farbfotos und 3 s/w-Zeichnungen, kartoniert. ●●

Diät bei Darmkrankheiten
Durchfall · Divertikulose, Reizdarm und Darmträgheit · einheimische Sprue (Zöllakie) · Disaccharidasemangel · Dünndarmresektion · Dumping Syndrom, Rezeptteil von B. Zöllner. (**3211**-0) Von Prof. Dr. med. G. Strohmeyer, 88 S., 4 Farbtafeln, kartoniert. ●●

Diät bei Gicht und Harnsäuresteinen
Rezeptteil von B. Zöllner.
(**3205**-6) Von Prof. Dr. med. N. Zöllner, 112 S., 35 Farbtafeln, kartoniert. ●●

Diät bei Zuckerkrankheit
Rezeptteil von B. Zöllner. (**3206**-4) Von Prof. Dr. med. P. Dieterle, 112 S., 42 Farbfotos, 4 vierfarbige Vignetten, 1 s/w-Zeichnung, kartoniert. ●●

Diät bei Störungen des Fettstoffwechsels und zur Vorbeugung der Arteriosklerose
Rezeptteil von B. Zöllner.
(**3208**-0) Von Prof. Dr. med. G. Wolfram, 104 S., 32 Farbfotos, kartoniert. ●●

Ballaststoffreiche Kost bei Funktionsstörungen des Darms
Rezeptteil von B. Zöllner.
(**3212**-9) Von Prof. Dr. med. H. Kasper, 96 S., 34 Farbfotos, 1 s/w-Foto, kart. ●●

Diät bei Krankheiten des Magens und Zwölffingerdarms
Rezeptteil von B. Zöllner.
(**3201**-3) Von Prof. Dr. med. H. Kaess, 96 S., 35 Farbfotos, 1 s/w-Zeichnung, kartoniert. ●●

Diät bei Krankheiten der Gallenblase, Leber und Bauchspeicheldrüse
Rezeptteil von B. Zöllner.
(**3207**-2) Von Prof. Dr. med. H. Kasper, 88 S., 35 Farbfotos, 1 s/w-Zeichnung, kart. ●●

Diät bei Übergewicht
Rezeptteil von B. Zöllner.
(**3209**-9) Von Prof. Dr. med. Ch. Keller, 104 S., 42 Farbfotos, 3 s/w-Zeichnungen, kart. ●●

Garten und Tiere

Garten heute
Der moderne Ratgeber · Über 1000 Farbbilder. (**4283**-3) Von H. Jantra, 384 S., über 1000 Farbabb., Pappband. ●●●●

Helmut Jantras Gartenbuch
Obst · Gemüse · Blumen
(**4522**-0) Von H. Jantra, 200 S., 395 Farbfotos, 123 Farbzeichnungen, 25 Tabellen, Pappband. ●●

1000 ganz bewährte Garten-Tips
(**4453**-4) Von H. Jantra, 320 S., 288 zweifarbige und 62 s/w-Zeichnungen, Pappband. ●●●

Obst, Gemüse, Blumen, Gras
Gärtnern macht den Kindern Spaß
(**4517**-4) Von U. Krüger, 96 S., 85 Farbfotos, 180 Farbzeichnungen, Pappband. ●●

Rosen
Auswahl · Pflege · Gestaltung
(**1183**-0) Von H. Jantra, 120 S., 200 Farbfotos, 20 Farbzeichnungen, 8 Bepflanzungspläne, kartoniert. ●●

Erfolgstips für den Obstgarten
Gesunde Früchte durch richtige Sortenwahl und Pflege.
(**0827**-9) Von F. Mühl, 184 S., 16 Farbtafeln, 33 Zeichnungen, kartoniert. ●●

Erfolgstips für den Gemüsegarten
Mit naturgemäßem Anbau zu höherem Ertrag. (**0674**-8) Von F. Mühl, 80 S., 30 s/w-Fotos, 4 Zeichnungen, kartoniert. ●

Mischkultur im Nutzgarten
Mit Jahreskalender und Anbauplänen.
(**0651**-9) Von H. Oppel, 112 S., 8 Farbtafeln, 23 s/w-Fotos, 29 Zeichnungen, kart. ●

Obstgehölze sachgemäß schneiden
(**1127**-X) Von P. G. Wilhelm, ca. 128 S., ca. 50 zweifarbige und 200 s/w-Zeichnungen, kartoniert. ●●

Erfolgstips für den Ziergarten
Schmuckpflanzen und Rasen richtig pflegen.
(**0930**-5) Von F. Mühl, 156 S., 12 Farbtafeln, 26 s/w-Zeichnungen, kartoniert. ●●

Erfolgreich gärtnern mit
Frühbeet und Folie
(**0828**-7) Von Dr. Gustav Schoser, 88 S., 8 Farbtafeln, 46 s/w-Fotos, kartoniert. ●

Gesunde Zierpflanzen im Garten
Krankheiten erkennen und behandeln.
Mit neuem Diagnose-System.
(**4429**-1) Von Prof. Dr. G. Stelzer, 208 S., 456 Farbfotos, 5 s/w- und 5 Farbzeichnungen, Pappband. ●●●●

Erfolgreich gärtnern
durch naturgemäßen Anbau
(**4252**-3) Von I. Gabriel, 416 S., 176 Farbfotos, 212 Farbzeichnungen, Pappband. ●●●

Aktion Garten ohne Gift
Gesunde Umwelt durch natürlichen Pflanzenschutz.
Ein Praxis-Handbuch von E. Hoplitschek u. B. M. Tegethoff. (**4425**-9) 176 S., 250 Farbfotos, 35 Farb- und 29 s/w-Zeichn., Pappband. ●●●●

Neuanlage eines Biogartens
Planung, Bodenvorbereitung, Gestaltung
(**0721**-3) Von I. Gabriel, 128 S., 73 Farbfotos, 39 Zeichnungen, kartoniert. ●●

Gesunde Pflanzen im Biogarten
Biologische Maßnahmen bei Schädlingsbefall und Pflanzenkrankheiten.
(**0707**-8) Von I. Gabriel, 128 S., 126 Farbfotos, kartoniert. ●●

Obst und Beeren im Biogarten
Gesunde und schmackhafte Früchte durch natürlichen Anbau. (**0780**-9) Von I. Gabriel, 128 S., 109 Farbabb., kartoniert. ●●

Gemüse im Biogarten
Gesunde Ernte durch natürlichen Anbau
(**0830**-9) Von I. Gabriel, 128 S., 26 Farbfotos, 86 Farbzeichnungen, kartoniert. ●●

Kräuter und Heilpflanzen im Biogarten
Gesunde Ernte durch natürlichen Anbau
(**0929**-1) Von I. Gabriel, 112 S., 63 Farbfotos, 19 Farbzeichnungen, kartoniert. ●●

Der biologische Zier- und Wohngarten
Planen, Vorbereiten, Bepflanzen und Pflegen
(**0748**-5) Von I. Gabriel, 128 S., 72 Farbfotos, 46 Farbzeichnungen, kartoniert. ●●

Kosmische Einflüsse auf unsere Gartenpflanzen
Sterne beeinflussen Wachstum und Gesundheit der Pflanzen. (**0708**-6) Von I. Gabriel, 112 S., 100 Farbabb., kartoniert. ●●

Natürlich gärtnern unter Glas und Folie
Anbauen und ernten rund ums Jahr
(**0722**-1) Von I. Gabriel, 128 S., 62 Farbfotos, 45 Farbzeichnungen, kartoniert. ●●

Dekorative Kübelpflanzen
Auswahl und Pflege
(**1074**-5) Von H. Jantra, 112 S., 180 Farbfotos, 35 Farbzeichnungen, kartoniert. ●●

Blütenpracht auf Balkon und Terrasse
(**0928**-3) Von M. Haberer, 88 S., 139 Farbfotos, kartoniert. ●●

Gemüse, Kräuter, Obst aus dem Balkongarten
Erfolgreich ernten auf kleinstem Raum
(**0694**-2) Von S. Stein, 32 S., 34 Farbfotos, 6 Zeichnungen, Spiralbindung, kart. ●

Gestaltungsideen für
Schöne Gärten
(**4482**-8) Von H. Jantra, 168 S., 309 Farbfotos, 3 s/w-Fotos, Pappband. ●●●●●

Kleingärten
Planen · Anlegen · Pflegen
(**1015**-X) Von H. Jantra, 88 S., 123 Farbfotos, 1 s/w-Foto, 14 Farbzeichnungen, kart. ●●

Reihenhausgärten
Planen · Anlegen · Pflegen
(**1016**-8) Von H. Jantra, 104 S., 134 Farbfotos, 45 Farbzeichnungen, kart. ●●

Steingärten Wirkungsvoll gestalten und sachgerecht pflegen
(**4452**-6) Von A. Throll-Keller, 128 S., 203 Farbfotos, 56 Farbzeichnungen, Pappband. ●●●●

Gartenteiche, Tümpel und Weiher
naturnah anlegen und pflegen
(**1073**-7) Von Dr. F. Liedl, H. Goos, 80 S., 87 Farbfotos, 39 Farbzeichnungen, kart. ●●

Wasser im Garten
Von der Vogeltränke zum Naturteich · Natürliche Lebensräume selbst gestalten.
(**4230**-2) Von H. Hendel, P. Keßeler, 240 S., 315 Farbabb., 11 s/w-Fotos, Pappband. ●●●●●

Mein kleiner Gartenteich
planen – anlegen – pflegen
(**0851**-1) Von I. Polascheck, 144 S., 108 Farbabb., 6 s/w-Zeichnungen, kart. ●●

Pflanzen und Tiere für den Gartenteich
(**1171**-7) Von W. Costa, 128 S., 169 Farbfotos, 40 Farbzeichnungen, 8 Bepflanzungspläne, kartoniert. ●●

Häuser in lebendigem Grün
Fassaden und Dächer mit Pflanzen gestalten
(**0846**-5) Von U. Mehl, K. Werk, 88 S., 116 Farbfotos, 4 Farb- und 17 s/w-Zeichnungen, kartoniert. ●●

Wintergärten
Das Erlebnis, mit der Natur zu wohnen. Planen, Bauen und Gestalten.
(**4256**-6) Von LOG ID, 136 S., 130 Farbfotos, 107 Zeichnungen, Pappband. ●●●●

Rund ums Jahr erfolgreich gärtnern
Gewächshäuser
planen · bauen · einrichten · nutzen
(**4408**-9) Von Dr. G. Schoser, J. Wolff, 232 S., 368 Farbabb., 5 s/w-Fotos, Pappband. ●●●●●

Ziergräser
Über 100 Arten erfolgreich kultivieren
(**0829**-5) Von H. Jantra, 104 S., 73 Farbfotos, 6 Farbzeichnungen, kartoniert. ●●

Das moderne Handbuch **Zimmerpflanzen**
(**4416**-X) Von H. Jantra, 304 S., 766 Farbfotos, 64 Farb- und 19 s/w-Zeichnungen, Pappband. ●●●●

365 Erfolgstips für schöne Zimmerpflanzen
(**0893**-7) Von H. Jantra, 144 S., 215 Farbfotos, kartoniert. ●●

Dekorative Blattpflanzen
Auswahl und Pflege
(**1128**-8) Von H. Jantra, 128 S., 198 Farbfotos, 20 Farbzeichnungen, kartoniert. ●●

Prof. Stelzers grüne Sprechstunde
Gesunde Zimmerpflanzen
Krankheiten erkennen und behandeln. Mit neuem Diagnosesystem.
(**4274**-4) Von Prof. Dr. G. Stelzer, 192 S., 410 Farbfotos, 10 s/w-Zeichnungen, Pappband. ●●●●

Hydrokultur
Pflanzen ohne Erde – mühelos gepflegt.
(**0944**-5) Von H.-A. Rotter, 144 S., 167 Farbfotos, 13 Farbzeichnungen, kart. ●●

Bonsai Japanische Miniaturbäume und Miniaturlandschaften. Anzucht, Gestaltung und Pflege.
(**4091**-1) Von B. Lesniewicz, 160 S., 106 Farbfotos, 46 s/w-Fotos, 115 Zeichnungen, gebunden. ●●●●●

Fibel für Kakteenfreunde
(**0199**-1) Von H. Herold, 102 S., 23 Farbfotos, 37 s/w-Abb., kartoniert. ●

Grzimek Juniors **BUNTE TIERWELT**
(**4295**-7) Von Chr. Grzimek, 208 S., 308 Farbfotos, Pappband. ●●●

Hunde
Rassen · Ausbildung · Pflege · Zucht
(**4118**-7) Von H. Bielfeld, 192 S., 222 Farb- und 73 s/w-Abb., Pappband. ●●●●

Das neue Hundebuch
Rassen · Aufzucht · Pflege
(**0009**-X) Von W. Busack, überarbeitet von Dr. med. vet. A. H. Hacker und H. Bielfeld, 112 S., 8 Farbtafeln, 27 s/w-Fotos, 6 Zeichnungen, kartoniert. ●

Alles über Dackel, Teckel und Dachshunde
(**1079**-6) Von M. Wein-Gysae, 80 S., 46 Farbfotos, 2 zweifarbige Zeichnungen, kart. ●●

Hundeausbildung
Verhalten · Gehorsam · Ausbildung
(**0346**-3) Von R. Menzel, 88 S., 26 Fotos, kartoniert. ●

Grundausbildung für Gebrauchshunde
Schäferhund, Boxer, Rottweiler, Dobermann, Riesenschnauzer, Airedaleterrier, Hovawart und Bouvier.
(**0801**-5) Von M. Schmidt und W. Koch. 104 S., 8 Farbtafeln, 51 s/w-Fotos, 5 s/w-Zeichnungen, kartoniert. ●

Der Hund in der Familie
(**1014**-1) Von J. Werner, 128 S., 106 Farbfotos, kartoniert. ●●

Der Deutsche Schäferhund
(**1091**-5) Von U. Förster, 112 S., 47 Farbzeichnungen, 2 s/w-Fotos, kartoniert. ●●

Der Deutsche Schäferhund
Aufzucht, Pflege und Ausbildung
(**0073**-1) Von A. Hacker, 104 S., 56 Abbildungen, kartoniert. ●

Alles über junge Hunde
(**0863**-5) Von Dr. med. vet. E. M. Bartenschlager, 64 S., 49 Farbfotos, 6 Zeichnungen, kartoniert. ●

Richtige Hundeernährung
(**0811**-2) Von Dr. med. vet. E. M. Bartenschlager, 80 S., 51 Farbfotos, 4 Farbzeichn., kartoniert. ●

Hundekrankheiten
(**1077**-X) Von Dr. med. vet. R. Spangenberg, 96 S., 44 Farb- und 1 s/w-Foto, 22 Farbzeichnungen, kartoniert. ●●

Von Ajax bis Zamperl
Die beliebtesten Hunde-Namen
(**1174**-1) Von H.-J. Schließke, ca. 80 S., kartoniert. ●

Katzen
Rassen · Verhalten · Pflege · Zucht
(**4158**-6) Von B. Gerber, 176 S., 294 Farb- und 88 s/w-Fotos, Pappband. ●●●●

Das neue Katzenbuch
Rassen · Aufzucht · Pflege.
(**0427**-3) Von B. Eilert-Overbeck, 120 S., 14 Farbfotos, 26 s/w-Fotos, kartoniert. ●

Katzenkrankheiten
erkennen und behandeln
(**1078**-8) Von Dr. med. vet. R. Spangenberg, 104 S., 40 Farbfotos und 11 Farbzeichnungen, kartoniert. ●●

Junge Katzen
(**0862**-7) Von Dr. med. vet. E. M. Bartenschlager, 72 S., 40 Farbfotos, 4 Farbzeichnungen, kartoniert. ●

Pferde
(**4186**-1) Von H. Werner, 176 S., 196 Farb- und 50 s/w-Fotos, 100 Zeichnungen, Pappband. ●●●●

Reiten im Bild
(**0415**-X) Von H. Werner, 128 S., 142 Farbfotos, 107 Farbzeichnungen, kartoniert. ●●

Der Hobby-Imker
(**0978**-X) Von Dr. R. F. A. Moritz, 144 S., 106 zweifarbige Zeichnungen, kartoniert. ●●

Geflügelhaltung als Hobby
(**0749**-3) Von M. Baumeister, H. Meyer, 184 S., 8 Farbtafeln, 47 s/w-Fotos, 15 zweifarbige Zeichnungen, kartoniert. ●●

Sittiche und kleine Papageien
(**0864**-3) Von Dr. med. vet. E. M. Bartenschlager, 88 S., 84 Farbfotos, 9 Zeichnungen, kartoniert. ●

Alles über Wellensittiche
(**1129**-6) Von H. Bielfeld, 64 S., 53 Farbfotos, 3 Zeichnungen, kartoniert. ●●

Alles über Kanarienvögel
(**0901**-1) Von H. Schnoor, 64 S., 58 Farbfotos und Zeichnungen, kartoniert. ●

Die Tiersprechstunde
Artgerechte Vogelfütterung im Winter
(**0908**-9) Von Dr. W. Keil, 64 S., 51 Farbfotos und Zeichnungen, kartoniert. ●

Süßwasser-Aquarium
(**4191**-8) Von H. J. Mayland, 288 S., 564 Farbfotos, 75 Zeichnungen, Pappband. ●●●●●

Die Tiersprechstunde
Gesunde Fische im Süßwasseraquarium
(**1013**-3) Von H. J. Mayland, 96 S., 73 Farbfotos, 10 Zeichnungen, kartoniert. ●

Tiere im Wassergarten
(**0808**-2) Von Dr. med. vet. E. M. Bartenschlager, 96 S., 84 Farbfotos, 7 Zeichnungen, kartoniert. ●●

Die Tiersprechstunde
Alles über Zwerg- und Goldhamster
(**1012**-5) Von M. Mettler, 96 S., 96 Farbfotos, kartoniert. ●

Alles über Chinchillas und Degus
(**1130**-X) Von M. Mettler, 96 S., 80 Farbfotos, 3 Zeichnungen, kartoniert. ●●

Alles über Meerschweinchen
(**0809**-0) Von Dr. med. vet. E. M. Bartenschlager, 72 S., 43 Farbfotos, 11 Farbzeichnungen, kartoniert. ●

Alles über Igel in Natur und Haus
(**0810**-4) Von Dr. med. vet. E. M. Bartenschlager, 68 S., 51 Farbfotos, kartoniert. ●

Alles über Zwergkaninchen
(**1075**-3) Von M. Mettler, 64 S., 52 Farbfotos, kartoniert. ●

Reise

Vom Morgenland ins Reich der Sonnengöttin
Lebensbilder aus dem Nahen und Fernen Osten. (**4449**-6) Von J. Schneider, H. Schoen, 160 S., 266 Farbfotos, 1 farbige Karte, Pappband. ●●●●

Traumreisen
Unterwegs auf den schönsten Straßen der Welt. (**4468**-2) Von T. Pehle, 192 S., 288 Farbfotos, 12 Zeichnungen, Pappband. ●●●●

Streifzüge durch die deutsche Kulturgeschichte
(**4490**-9) Von L. von Saalfeld, Dr. D. Kreidt, U. Stöckel, A. Hürmer, 208 S., über 100 Farbfotos, 52 Lagepläne, Pappband. ●●●

Der Metternich 90/91
Die besten Adressen für Feinschmecker in Deutschland. (**4488**-7) Hrsg. von P. A. Fürst von Metternich-Winneburg, bearbeitet von C. Arius, 464 S., 366 Farbfotos, 5 Übersichtskarten, Pappband. ●●●●

Berlin
Die neue Metropole
(**1145**-8) Von R. Mader, 96 S., 116 Farbfotos, 15 hist. Landschafts- und Städteabbildungen, 1 Stadtplan, kartoniert. ●●

An der Ostseeküste in Mecklenburg
(**1137**-7) Von R. Mader, 96 S., 94 Farbfotos, 18 hist. Städte- und Landschaftsabbildungen, kartoniert. ●●

Der Thüringer Wald und die Dichterstädte
(**1135**-0) Von R. Mader, 96 S., 95 Farbfotos, 17 hist. Landschafts- und Städteabbildungen, kartoniert. ●●

Der Harz
(**1144**-X) Von R. Mader, 96 S., 100 Farbfotos, 17 hist. Städte- und Landschaftsabbildungen, kartoniert. ●●

Dresden
Barockperle an der Elbe
(**1134**-2) Von R. Mader, 96 S., 97 Farbfotos, 13 hist. Landschafts- und Städteabbildungen, 1 s/w-Foto, 1 aufklappbarer Stadtplan, kart. ●●

Vom Spreewald zur Lausitz
(**1136**-9) Von R. Mader, 96 S., 95 Farbfotos, 11 hist. Landschafts- und Städteabbildungen, 1 Panoramakarte, kartoniert. ●●

FALKEN Video
Reiseziel DDR
(**6061**-0) VHS, ca. 60 Minuten, in Farbe, Kompaktreiseführer mit Panoramakarte im Taschenformat. ●●●●*

FALKEN Video
Reiseziel Berlin
(**6067**-X) VHS, ca. 60 Minuten, in Farbe, Kompaktreiseführer mit Panoramakarte im Taschenformat. ●●●●●*

FALKEN Video
Reiseziel Ostseeküste DDR
(**6062**-9) VHS, ca. 60 Minuten, in Farbe, Kompaktreiseführer mit Panoramakarte im Taschenformat. ●●●●●*

FALKEN Video
Reiseziel USA
Der Südwesten mit LAS VEGAS und den schönsten Sehenswürdigkeiten in den ROCKY MOUNTAINS.
(**6055**-6) VHS, ca. 60 Minuten, in Farbe, Kompaktreiseführer mit Panoramakarte im Taschenformat. ●●●●●*

FALKEN Video
Info-Tour USA
Die Highlights aus dem FALKEN Reiseprogramm New York, Kalifornien, Florida und USA Süd-West.
(**6060**-2) VHS, ca. 30 Minuten, in Farbe. ●*

FALKEN Video
Reiseziel New York
(**6048**-3) VHS, ca. 60 Minuten, in Farbe, mit Begleitbroschüre. ●●●●●*

FALKEN Video
Reiseziel Florida
(**6054**-8) VHS, ca. 60 Minuten, in Farbe, Kompaktreiseführer mit Panoramakarte im Taschenformat. ●●●●●*

FALKEN Video
Reiseziel Kalifornien
San Francisco und die schönsten Ziele in Kalifornien.
(**6049**-1) VHS, ca. 60 Minuten, in Farbe, mit Begleitbroschüre. ●●●●●*

FALKEN Video
Reiseziel Hawaii
(**6063**-7) VHS, ca. 60 Minuten, in Farbe, Kompaktreiseführer mit Panoramakarte im Taschenformat. ●●●●●*

FALKEN Video
Reiseziel Thailand
Exotisches Bangkok, traumhafte Strände, berühmte Tempel und Paläste.
(**6065**-3) VHS, ca. 60 Minuten, in Farbe, Kompaktreiseführer mit Panoramakarte im Taschenformat. ●●●●●*

FALKEN Video
Reiseziel Kanarische Inseln
Schöne Strände, interessante Exkursionen.
(**6065**-5) VHS, ca. 60 Minuten, in Farbe, Kompaktreiseführer mit Panoramakarte im Taschenformat. ●●●●●*

FALKEN Video
Reiseziel Irland
Entdeckungsreise mit Boot und Planwagen, präzise Informationen, praktische Tips.
(**6059**-9) VHS, ca. 60 Minuten, in Farbe, Kompaktreiseführer mit Panoramakarte im Taschenformat. ●●●●●*

FALKEN Video
Reiseziel Norwegen
Rundreise zu den schönsten Fjorden, präzise Informationen, praktische Tips.
(**6058**-0) VHS, ca. 60 Minuten, in Farbe, Kompaktreiseführer mit Panoramakarte im Taschenformat. ●●●●●*

Rat und Wissen

Der gute Ton
in Gesellschaft und Beruf.
(**0063**-4) Von I. Wolter, 80 S., 42 s/w-Fotos, 7 Zeichnungen, kartoniert. ●

Der gute Ton
im Privatleben.
(**1111**-3) Von I. Wolter, bearbeitet von Wolf Stenzel, 104 S., 42 s/w-Abbildungen, kartoniert. ●

Umgangsformen heute
Die Empfehlungen des Fachausschusses für Umgangsformen.
(**4015**-6) 252 S., 108 s/w-Fotos, 17 Zeichnungen, Pappband. ●●●

Benehmen bei Tisch
(**0988**-7) Von I. Cording, 80 S., 90 Farbfotos, 5 s/w-Zeichnungen, kartoniert. ●●

Krawatten
Fliegen, Schals und Tücher gekonnt binden
(**1072**-9) Von Y. Thalheim, H. Nadolny, 48 S., 129 Farbfotos, 1 s/w-Foto, Pappband. ●

Wir heiraten
Ratgeber zur Vorbereitung und Festgestaltung der Verlobung und Hochzeit.
(**4188**-8) Von C. Poensgen, 216 S., 8 s/w-Fotos, 30 s/w-Zeichnungen, 8 Farbtafeln, Pappband. ●●●

Von der Verlobung zur Goldenen Hochzeit
(**0393**-5) Von E. Runge, 112 S., kartoniert. ●

Hochzeits- und Bierzeitungen
Muster, Tips und Anregungen.
(**0288**-2) Von H.-J. Winkler, mit vielen Text- und Gestaltungsanregungen, 116 S., 15 Abb., 1 Musterzeitung, kartoniert. ●

Die Silberhochzeit
Vorbereitung · Einladung · Geschenkvorschläge · Dekoration · Festablauf · Menüs · Reden · Glückwünsche. (**0542**-3) Von K. F. Merkle, 112 S., 41 Zeichnungen, kart. ●

Wie soll es heißen?
(**0211**-4) Von D. Köhr, 136 S., kartoniert. ●

Unsere beliebtesten Vornamen
(**1023**-0) Von A. F. W. Weigel, 160 S., 75 s/w-Fotos, Pappband. ●●

Kindergedichte, Lieder und Sketche für Hochzeitsfeiern
(**1112**-1) Von B. Lins, 72 S., 26 farbige Abbildungen, 15 Lieder, kartoniert. ●

Kindergedichte zur grünen, silbernen und goldenen Hochzeit
(**0318**-8) Von H.-J. Winkler, 104 S., 20 Abb., kartoniert. ●

Kindergedichte für Familienfeste
(**0860**-0) Von B. H. Bull, 96 S., 20 Zeichnungen, kartoniert. ●

Kindergedichte rund ums Jahr
(**1040**-0) Von A. Schweiggert, 80 S., 49 Zeichnungen, 6 Vignetten, kartoniert. ●

Ins Gästebuch geschrieben
(**0576**-8) Von K. H. Trabeck, 96 S., 24 Zeichnungen, kartoniert. ●

Der Verseschmied
Kleiner Leitfaden für Hobbydichter. Mit Reimlexikon.
(**0597**-0) Von T. Parisius, 96 S., 28 Zeichnungen, kartoniert. ●

Die schönsten Volkslieder
(**0432**-X) Hrsg. D. Walther, 128 S., mit Noten und Zeichnungen, kartoniert. ●

Wo man singt …
Lieder aus Deutschland
(**4507**-7) Hrsg. von R. Werion, Prof. H. Rauhe, H. R. Beierlein, 288 S., 217 Farbzeichnungen, Pappband. ●●●

Neue Glückwunschfibel
für groß und klein. (**0156**-8) Von R. Christian-Hildebrandt, 96 S., 13 Vignetten, kartoniert. ●

Großes Buch der Glückwünsche
(**0255**-6) Hrsg. von O. Fuhrmann, 176 S., 77 Zeichnungen und viele Gestaltungsvorschläge, kartoniert. ●●

Verse fürs Poesiealbum
(**0241**-6) Von I. Wolter, 96 S., 20 Abb., kartoniert. ●

Heiter und besinnliche
Verse fürs Poesiealbum
(**1069**-9) Von B. H. Bull, 160 S., 70 zweifarbige Illustrationen, Pappband. ●●

Reden und Ansprachen
für jeden Anlaß. (**4009**-1) Hrsg. von F. Sicker, 454 S., gebunden. ●●●●

Die Kunst der freien Rede
Ein Intensivkurs mit vielen Übungen, Beispielen und Lösungen.
(**4189**-6) Von G. Hirsch, 232 S., 11 Zeichnungen, Pappband. ●●●

Festreden und Vereinsreden
Muster für alle Gelegenheiten
(**0069**-3) Von K. Lehnhoff, E. Ruge, 96 S., kartoniert. ●

Trinksprüche, Gästebuchverse, Richtsprüche
(**0224**-6) Von D. Kellermann, 96 S., kartoniert. ●

Glückwünsche, Toasts und Festreden zur Hochzeit
(**0264**-5) Von I. Wolter, 112 S., 10 Zeichnungen, kartoniert. ●

Reden zur Taufe, Kommunion und Konfirmation
(**0751**-5) Von G. Georg, 96 S., kartoniert. ●

Reden zu Familienfesten
Musteransprachen für viele Gelegenheiten
(**0675**-6) Von G. Georg, 112 S., kartoniert. ●

Reden im Verein
Musteransprachen für viele Gelegenheiten
(**0703**-5) Von G. Georg, 112 S., kartoniert. ●

Reden zum Jubiläum
Musteransprachen für viele Gelegenheiten
(**0595**-4) Von G. Georg, 112 S., kartoniert. ●

Reden und Sprüche zu Grundsteinlegung, Richtfest und Einzug
(**0598**-0) Von A. Bruder, G. Georg, 96 S., kartoniert. ●

Die überzeugende Rede
Mehr Erfolg durch bessere Rhetorik
(**0076**-6) Von K. Wolter, G. Kunz, 96 S., kartoniert. ●

Moderne Korrespondenz
Handbuch für erfolgreiche Briefe
(**4014**-8) Von H. Kirst und W. Manekeller, 544 S., Pappband. ●●●●

Musterbriefe
für alle Gelegenheiten.
(**0231**-9) Hrsg. von O. Fuhrmann, 240 S., kartoniert. ●●

FALKEN-Software
Musterkorrespondenz in Deutsch, Englisch, Französisch, Italienisch, Spanisch
(**7041**-1) Diskette 5 1/4" für IBM-PC + Kompatible, mit Begleitbroschüre. ●●●●●*
(**7051**-9) Diskette 3 1/2" für IBM-PC + Kompatible, mit Begleitbroschüre. ●●●●●*

FALKEN-Software
TEXAD
Das komfortable Korrespondenzprogramm für den privaten und geschäftlichen Bereich (**7017**-9) 2 Disketten für IBM-PC + Kompatible, 5 1/4", mit Begleitheft, **DM 198,–***, S 1980,-*, SFr 198,–*.
(**7048**-9) Diskette 3 1/2", mit Handbuch. ●●●●●*

(**7049**-7) Demo-Version 5 1/4", o. Handbuch. ●●*

(**7050**-0) Demo-Version 3 1/2", o. Handbuch. ●●*

Privatbriefe
Muster für alle Gelegenheiten. (**0114**-2) Von I. Wolter-Rosendorf, 112 S., kart.●

Erfolgstips für den Schriftverkehr
Briefgestaltung · Rechtschreibung · Zeichensetzung · Stil. (**0678**-0) Von U. Schoenwald, 112 S., kart.●

Geschäftliche Briefe
des Privatmanns, Handwerkers, Kaufmanns (**0041**-3) Von A. Römer, 124 S., kart. ●

Behördenkorrespondenz
Musterbriefe · Anträge · Einsprüche (**0412**-5) Von E.Ruge, 112 S., kart.●

Worte und Briefe der Anteilnahme
(**0464**-8) Von E. Ruge, 96 S., mit vielen Abb., kart. ●

Briefe zu Geburt und Taufe
Glückwünsche und Danksagungen. (**0802**-3) Von H. Beitz, 96 S., 12 Zeichnungen, kart. ●

Briefe zum Geburtstag
Glückwünsche und Danksagungen. (**0822**-8) Von H. Beitz, 104 S., 22 Zeichnungen, kart. ●

Briefe der Liebe
Anregungen für gefühlvolle und zärtliche Worte. (**0903**-8) Hrsg. von H. Beitz, 96 S., 4 Zeichnungen, kart. ●

Erziehungsgeld, Mutterschutz, Erziehungsurlaub
Das neue Recht für Eltern (**0835**-X) Von J. Grönert, 144 S., kart. ●

Liebe ja – Ehe nein
Die nichteheliche Lebensgemeinschaft (**1071**-0) Von T. Drewes, 104 S., 8 s/w-Zeichnungen, kartoniert. ●

Scheidung und Unterhalt
nach dem neuen Eherecht. (**0403**-6) Von T.Drewes, 112 S., mit Kosten und Unterhaltstabellen, kart. ●

Testament und Erbschaft
Erbfolge, Rechte und Pflichten der Erben, Erbschafts- und Schenkungssteuer, Mustertestamente. (**4139**-X) Von T. Drewes, R. Hollender, 304 S., Pappband. ●●●

Der letzte Wille
Ratgeber für Erblasser, Erben und Hinterbliebene in Rechts-, Versorgungs- und Steuerfragen (**0939**-9) Von T. Drewes, 136 S., 9 s/w-Zeichnungen, kart. ●●

Mietrecht
Leitfaden für Mieter und Vermieter (**0479**-6) Von J. Beuthner, 196 S., kart. ●●

Präzise Ratschläge für **Ihre optimale Rente**
Vorbereitung · Berechnungsgrundlagen · Gesetzesänderungen · Individuelle Rechenbeispiele. (**0806**-6) Von K. Möcks, 96 S., 24 Formulare, 1 Graphik, kart. ●

Haushaltstips praktisch und umweltfreundlich
(**1046**-X) Von K. Winkell, 96 S., 36 Zeichnungen, kartoniert. ●

Haushaltstips von A – Z
(**0759**-0) Von A. Eder, 80 S., 30 Zeichnungen, kartoniert. ●

Der Umweltfahrplan
Ein praktischer Ratgeber für Haushalt und Familie
(**1103**-2) Von K. Riedesser, hrsg. von der Aktionsgemeinschaft Umwelt, Gesundheit, Ernährung e. V., Hamburg, 144 S., 34 s/w-Zeichnungen, kart. ●

Wege zum Börsenerfolg
Aktien · Anleihen · Optionen
(**4275**-2) Von H. Krause, 252 S., 4 s/w-Fotos, 86 Zeichnungen, Pappband. ●●●●

FALKEN-Software
Börsenfieber
Spielend spekulieren mit Geld und Aktien (**7016**-0) IBM-PC und Kompatible, Diskette 5 1/4", mit Begleitheft, ●●●●●*

(**7026**-8) für C 64/C 128 PC, mit Begleitheft
(**7027**-6) für Atarai ST 520/1040, mit Begleitheft
(**7028**-4) für Amiga, mit Begleitheft
(**7044**-6) für IBM PC + Kompatible, Diskette 3 1/2", mit Begleitheft.

FALKEN-Software
Börsenfieber
Über 100 neue Ereignisse
(**7066**-7) Diskette 5 1/4" für IBM-PC + Kompatible, mit Begleitbroschüre. ●●●*
(**7067**-5) Diskette 3 1/2" für IBM-PC + Kompatible, mit Begleitheft. ●●●*

FALKEN-Software
Broker King
Cash und crash an der Terminbörse. Mit Warentermingeschäft und Optionshandel (**7057**-8) Diskette 5 1/4" für IBM-PC + Kompatible, mit Begleitbroschüre. ●●●●● *

(**7058**-6) Diskette 3 1/2" für IBM-PC + Kompatible, mit Begleitbroschüre. ●●●●●*

Richtige Groß- und Kleinschreibung
durch neue, vereinfachte Regeln. Erläuterungen der Zweifelsfragen anhand vieler Beispiele.
(**0897**-X) Von Prof. Dr. Ch. Stetter, 96 S., kart. ●

Gutes Deutsch schreiben und sprechen
(**4432**-1) Von W. Manekeller, Dr. G. Reinert-Schneider, 416 S., durchgehend zweifarbig, Pappband. ●●●●

Mehr Erfolg in der Schule
Deutsche Rechtschreibung und Grammatik
Übungen und Beispiele für die Klassen 5-10. (**4407**-0) Von K. Schreiner, 256 S., durchgehend zweifarbig, Pappband. ●●●●

Richtiges Deutsch Rechtschreibung · Zeichensetzung · Grammatik · Stilkunde. (**0551**- 2) Von K. Schreiner, 128 S., 7 Zeichnungen, kart. ●

Besseres Deutsch
Mit Übungen und Beispielen für Rechtschreibung, Diktate, Zeichensetzung, Aufsätze, Grammatik, Literaturbetrachtung, Stil, Briefe, Fremdwörter, Reden.
(**4115**-2) Von K. Schreiner, 444 S., 7 s/w-Fotos, 27 Zeichnungen, Pappband. ●●●

Richtige Zeichensetzung
durch neue, vereinfachte Regeln. Erläuterungen der Zweifelsfragen anhand vieler Beispiele.
(**0744**-4) Von Prof. Dr. Ch. Stetter, 160 S., kart. ●

Diktate besser schreiben
Übungen zur Rechtschreibung für die Klassen 4 bis 8
(**0469**-9) Von K. Schreiner, 152 S., 31 Zeichnungen, kartoniert. ●●

Deutsche Grammatik
Ein Lern- und Übungsbuch
(**0704**-3) Von K. Schreiner, 122 S., kart. ●

Aufsätze besser schreiben
Förderkurs für die Klassen 4 – 10
(**0429**-X) Von K. Schreiner, 144 S., 31 Abb., kartoniert. ●●

Mehr Erfolg in der Schule
Der Deutschaufsatz
Übungen und Beipiele für die Klassen 5-10. (**4271**-X) Von K. Schreiner, 240 S., 4 s/w-Fotos, 51 Zeichnungen, Pappband. ●●●

Mehr Erfolg in der Schule
Deutsch
Textinterpretation, Literaturgeschichte und Stilkunde
(**4483**-6) Von K. Schreiner, 272 S., 43 zweifarbige Zeichnungen, Pappband. ●●●●

Mehr Erfolg in der Schule **Mathematik 1**
Arithmetik und Algebra. Übungen, Beispiele und Lösungen für die Klassen 5 bis 10.
(**4420**-8) Von R. Müller-Fonfara, 256 S., 193 Zeichn., 2 s/w-Fotos, Pappband. ●●●

Mehr Erfolg in der Schule
Mathematik 2
Geometrie, Statistik, Wahrscheinlichkeitsrechnung und kaufmännisches Rechnen (**4456**-9) Von R. Müller-Fonfara, W. Scholl, 256 S., 6 s/w-Fotos, 304 Zeichnungen, Pappband. ●●●

Mathematische Formeln für Schule und Beruf
Mit Beispielen und Erklärungen.
(**0499**-0) Von R. Müller-Fonfara, 156 S., 210 Zeichnungen, kart. ●

Schülerlexikon der Mathematik
Formeln, Übungen und Begriffserklärungen für die Klassen 5 – 10
(**0430**-3) Von R. Müller-Fonfara, 176 S., 96 Zeichnungen, kart. ●

Mathematik-Textaufgaben leicht gelöst
Aufgaben · Lösungsstrategien · Anwendungsbeispiele
(**1022**-2) Von R. Müller-Fonfara, 128 S., 4 Zeichnungen, kartoniert. ●●

Rechnen aufgefrischt für Schule und Beruf. (**0100**-2) Von H. Rausch, 144 S., kart. ●

FALKEN-Software
Wirtschaftsrechnen in Beruf und Alltag
(**7037**-3) Diskette für IBM-PC und Kompatible, mit Begleitheft. ●●●●●*

Mehr Erfolg in der Schule
Physik
Mechanik · Wärmelehre · Optik · Elektrizität · Atomphysik
(**4448**-8) Von Dr. T. Neubert, 240 S., 219 Zeichnungen, Pappband. ●●●●

Physik verständlich
Förderkurs für die Klassen 7 bis 10
(**0926**-7) Von Dr. Th. Neubert, 136 S., 146 s/w-Zeichnungen, 166 Aufgaben, kart. ●●

Besseres Englisch
Grammatik und Übungen für die Klassen 5 bis 10.
(**0745**-0) Von E. Henrichs, 144 S., kart. ●●

Mehr Erfolg in der Schule
Englische Grammatik
Regeln und Übungen für die Klassen 5 bis 13 (**4431**-3) Von E. Henrichs-Kleinen, 256 S., durchgehend zweifarbig, Pappband. ●●●

FALKEN-Software
Business English for Secretaries
Lernen und üben in berufsbezogenen Situationen (**7035**-7) Diskette 5 1/4" für IBM-PC + Kompatible, mit Begleitbroschüre. ●●●●●*

(**7059**-4) Diskette 3 1/2" für IBM-PC + Kompatible, mit Begleitbroschüre. ●●●●●*

FALKEN-Software
The Grammar-Master
Englische Grammatik üben und beherrschen (**7002**-0) Diskette für den C 64/C 128 PC ●●●●*

(**7030**-6) Diskette für IBM-PC + Kompatible, mit Begleitheft. ●●●●● *

(**7031**-4) Diskette für Atari ST 520/1040, mit Begleitheft. ●●●●● *

(**7032**-2) Diskette für Amiga, mit Begleitheft. ●●●●●*

FALKEN-Software
Vokabeltrainer Englisch
Von B. Hoppius. (**7001**-2) 2 Disketten für C 64/C 128 PC mit Begleitheft. ●●●●●*

(**7007**-1) Wendediskette für Atari ST 520/1040, mit Begleitheft. ●●●●●*

(**7034**-9) Diskette 5 1/4" für IBM-PC + Kompatible, mit Begleitheft. ●●●●●*

(**7084**-5) Diskette 3 1/2" für IBM-PC + Kompatible, mit Begleitheft. ●●●●●*

FALKEN-Software
Vokabeltrainer Französisch
Über 2000 Vokabeln und Redewendungen frei erweiterbar
(**7018**-7) Systemdiskette u. Wendediskette für C 64/C 128 PC, mit Begleitheft, (**7019**-5) Diskette 5 1/4" für IBM-PC und Komp., mit Begleitheft. ●●●●●*

FALKEN-Software
Je finis, tu finis ... maitrisez la grammaire française
Französische Grammatik lernen und beherrschen
(**7053**-5) Diskette 5 1/4" für IBM-PC + Kompatible, mit Begleitbroschüre. ●●●●●*

(**7069**-1) Diskette 3 1/2" für IBM-PC + Kompatible, mit Begleitbroschüre. ●●●●●*

FALKEN-Software
Le monde des affaires en français
Wirtschaftsfranzösisch leicht gelernt
(**7064**-3) Diskette 5 1/4" für IBM-PC + Kompatible, mit Begleitbroschüre. ●●●●●*

(**7068**-3) Diskette 3 1/2" für IBM-PC + Kompatible, mit Begleitbroschüre. ●●●●●*

Besseres Französisch
Grammatik und Übungen für die Klassen 9 bis 11
(**1039**-7) Von R. Lübke, 114 S., durchgehend zweifarbig, kartoniert. ●●

FALKEN-Software
Vokabeltrainer Italienisch
Über 2000 Vokabeln und Redewendungen frei erweiterbar.
(**7065**-9) Diskette 5 1/4" für IBM-PC + Kompatible, mit Begleitbroschüre. ●●●●●*

(**7064**-0) Diskette 3 1/2" für IBM-PC + Kompatible, mit Begleitbroschüre. ●●●●●*

FALKEN-Software
Vokabel Trainer Latein
Über 2000 Vokabeln und Redewendungen frei erweiterbar
(**7022**-5) Von B. Hoppius, Wendediskette für C 64/C 128 PC, mit Begleitheft. ●●●●●*

(**7033**-0) Diskette 5 1/4" für IBM-PC + Kompatible, mit Begleitheft. ●●●●●*

(**7085**-3) Diskette 3 1/2" für IBM-PC + Kompatible, mit Begleitheft. ●●●●●*

Schnell und sicher zum Führerschein
Tips und Tricks aus 30jähriger-Fahrschul-Praxis.
(**0921**-6) Von O. Einert, 152 S., 156 Farbfotos, 161 z. T. farb. Zeichnungen, kart. ●●

FALKEN-Software
Schnell und sicher zum Führerschein
Intensivtraining mit dem amtlichen Fragenkatalog
(**7024**-1) Diskette für Atari ST 520/1040, mit Begleitheft. ●●●●●*
(**7029**-2) Diskette für Amiga, mit Begleitheft. ●●●●●*

Erfolgreiche Bewerbung um einen Ausbildungsplatz
(**0715**-9) Von H. Friedrich, 128 S., kart. ●

Bewerbungsstrategien
Erfolgreiche Konzepte für Karrierebewußte
(**1027**-3) Von Dr. W. Reichel, 128 S., kartoniert. ●●

Karriereplanung mit System
Bewerbungsstrategien für erfolgsorientierte Frauen
(**4455**-0) Von R. Ibelgaufts, 144 S., 20 Cartoons, Pappband. ●●

Die Bewerbung
Der moderne Ratgeber für Bewerbungsbriefe, Lebenslauf und Vorstellungsgespräche.
(**4138**-1) Von W. Manekeller, 264 S., Pappband. ●●●

Die erfolgreiche Bewerbung
Bewerbung und Vorstellung
(**0173**-8) Von W. Manekeller, U. Schoenwald, 144 S., kartoniert. ●●

Lebenslauf und Bewerbung
Beispiele für Inhalt, Form und Aufbau
(**0428**- 1) Von H. Friedrich, 112 S., kart. ●

Erfolgreiche Bewerbungsbriefe und Bewerbungsformen
(**0138**-X) Von W. Manekeller, U. Schoenwald, 88 S., kart. ●

Vorstellungsgespräche
sicher und erfolgreich führen.
(**0636**-5) Von H. Friedrich, 144 S., kart. ●

Keine Angst vor Einstellungstests
Ein Ratgeber für Bewerber.
(**0793**-6) Von Ch. Titze. 120 S., 67 Zeichnungen, kart. ●

FALKEN-Software
Einstellungstests
(**7013**-6) Von B. Hoppius, Wendediskette für C 64/C 128 PC, mit Begleitheft. ●●●● *

Die ersten Tage am neuen Arbeitsplatz
Ratschläge für den richtigen Umgang mit Kollegen und Vorgesetzten
(**0855**-4) Von H. Friedrich, 104 S., kart. ●

Zeugnisse im Beruf
richtig schreiben, richtig verstehen
(**0544**-X) Von H. Friedrich, 112 S., kart. ●

So lernt man leicht und schnell
Maschinenschreiben
Lehrbuch für Schulen, Lehrgänge und Selbstunterricht. (**0568**-7) Von M. Kempkes, 112 S., 48 Zeichnungen, kart. ●●

FALKEN-Software
Maschinenschreiben und Tastaturtraining für Computer
(**7009**-8) Von B. Hoppius, Diskette 5 1/4" u. 3 1/2" für IBM-PC + Kompatible, mit Begleitheft. ●●●●●*

Maschinenschreiben im Selbstunterricht
(**0170**-3) Von A. Fonfara, 88 S., kart. ●

Buchführung leicht gemacht
Ein methodischer Grundkurs für den Selbstunterricht. (**4238**-8) Von D. Machenheimer, R. Kersten, 252 S., Pappband. ●●●●

Buchführung leicht gefaßt
Für Handwerker, Gewerbetreibende und freiberuflich Tätige. (**0127**-4) Von R. Pohl, 104 S., kart. ●

Stenografie leicht gelernt
im Kursus oder Selbstunterricht
(**0266**-1) Von H. Kaus, 64 S., kart. ●

Gitarre spielen
Ein Grundkurs für den Selbstunterricht
(**0534**-2) Von A. Roßmann, 96 S., 1 Schallfolie, 150 Zeichnungen, kart. ●●●

Das große Buch der
Antworten auf Kinderfragen
(**4477**-1) Von H. Hofmann, U. Kopp, G. Jankovics u. a., 192 S., 308 Farbzeichnungen, Pappband. ●●●

Das neue, farbige
Jugendlexikon
(**4472**-0) Von J. Frey, D. Rex, 304 Seiten, 269 Farb- u. 52 s/w-Fotos, 6 Farbzeichn., Pappband. ●●●

Das große farbige Kinderlexikon
(**4195**-0) Von U. Kopp, 320 S., 493 Farbabb. 17 s/w-Fotos, Pappband. ●●●

Die Faszination der Philatelie
Briefmarken sammeln
(**4273**-6) Von D. Stein, 212 S., 124 s/w-Fotos, 24 Farbtafeln, Pappband. ●●●

Briefmarken sammeln
(**0481**-8) Von D. Stein, 120 S., 4 Farbtafeln, 98 s/w-Abbildungen, kartoniert. ●

Pfeiferauchen leicht gemacht
Die richtige Art, Tabak zu genießen
(**1026**-5) Von O. Pollner, 112 S., 125 Farbfotos, 5 zweifarbige-Abb., kart. ●●

Umweltschutz
Das Öko-Testbuch zur Eigeninitiative
(**4160**-8) Von M. Häfner, 352 S., 411 Farbfotos, 152 Farbzeichnungen, Pappband. ●●●●

Münzen
Ein Brevier für Sammler.
(**0353**-6) Von E. Dehnke, 128 S., 4 Farbtafeln, 17 s/w-Abb., kart. ●●

Astronomie im Bild
Unser Sternenhimmel rund ums Jahr
(**0849**-X) Von Dr. E. Übelacker, 88 S., 48 Farbfotos, 1 s/w-Foto, 68 Farbzeichn, kart. ●●

Astronomie als Hobby
Sternbilder und Planeten erkennen und benennen.
(**0572**-5) Von D. Block, 176 S., 16 Farbtafeln, 49 s/w-Fotos, 93 Zeichnungen, kart. ●●

Die Handschrift als Spiegel des Charakters
Graphologie
(**1025**-7) Von Dr. W. Busch, 104 S., 87 Schriftproben, kartoniert. ●

Familienforschung · Ahnentafel · Wappenkunde
Wege zur eigenen Familienchronik
(**0744**-2) Von P. Bahn, 128 S., 8 Farbtafeln. 30 Abbildungen, kart. ●●

Familienforschung und Wappenkunde
(**4485**-2) Von P. Bahn, 224 S., 114 zweifarbige Abbildungen, Pappband. ●●●●

Wie Sie im Schlaf das Leben meistern
Schöpferisch träumen
Der Klartraum als Lebenshilfe
(**4258**-2) Von Prof. D. P. Tholey, K. Utecht. 280 S., 1 s/w-Foto, 20 Zeichn., Pappband. ●●●

Traumdeutung
Die Bildersprache unserer Traumwelt entschlüsseln
(**4486**-0) Von G. Fink, 384 S., 74 zweifarbige Fotos, Pappband. ●●●●

Wahrsagen mit Tarot-Karten
(**0482**-6) Von E. J. Nigg, 112 S., 52 s/w-Abb., Pappband. ●

Die 12 Tierzeichen
Chinesisches Horoskop
(**0423**-0) Von G. Haddenbach, 88 S., kartoniert. ●

Die 12 Sternzeichen
Charakter, Liebe und Schicksal.
(**0385**-4) Von G. Haddenbach, 136 S., kart. ●●

Partnerschaftshoroskop
Glück und Harmonie mit Ihrem Traumpartner.
(**0587**-3) Von G. Haddenbach, 112 S., 11 Zeichnungen, kart. ●

Im Zeichen der Sterne
(**0951**-8) Der feurige Widder
(**0952**-6) Der willensstarke Stier
(**0953**-4) Die vielseitigen Zwillinge
(**0954**-2) Der feinfühlige Krebs
(**0955**-0) Der königliche Löwe
(**0956**-9) Die zuverlässige Jungfrau
(**0957**-7) Die charmante Waage
(**0958**-5) Der leidenschaftliche Skorpion
(**0959**-3) Der temperamentvolle Schütze
(**0960**-7) Der treue Steinbock
(**0961**-5) Der selbstbewußte Wassermann
(**0962**-3) Die romantischen Fische
Von G. Haddenbach, 64 S., 35 Farbfotos, Pappband. ●

Humor und Unterhaltung

Heitere Vorträge
(**0528**-8) Von E. Müller, 128 S., 14 Zeichnungen, kart. ●

So feiert man Feste fröhlicher
Heitere Vorträge und Gedichte
(**0098**-7) Von Dr. Allos, 96 S., 15 Abb., kart. ●

Heitere Vorträge und witzige Reden
Lachen, Witz und gute Laune
(**0149**-5) Von E. Müller, 104 S., 44 Abb., kart. ●

Da lacht das Publikum
Neue lustige Vorträge für viele Gelegenheiten.
(**0716**-7) Von H. Schmalenbach, 96 S., kart. ●

Gereimte Vorträge
für Bühne und Bütt.
(**0567**-9) Von G. Wagner, 96 S., kart. ●

Narren in der Bütt
Leckerbissen aus dem rheinischen Karneval.
(**0216**-5) Zusammengestellt von T. Lücker, 112 S., kart. ●

Damen in der Bütt
Scherze, Büttenreden, Sketche
(**0354**-4) Von T. Müller, 136 S., kart. ●

Wir feiern Karneval
Festgestaltung und Reden für die närrische Zeit.
(**0904**-6) Von M. Zweigler, 120 S., 7 Zeichnungen, kart. ●

Helau und Alaaf 1 Närrisches aus der Bütt.
(**0304**-8) Von E. Müller, 112 S., 4 Zeichnungen, kart. ●

Helau und Alaaf 2
Neue Büttenreden für Sie und Ihn
(**0477**-X) Von E. Luft, 96 S., kart. ●

Helau und Alaaf 3
Neue Reden für die Bütt.
(**0832**-5) Von H. Fauser, 112 S., 13 Zeichnungen, kart. ●

Helau und Alaaf 4
Neue Büttenreden für Sie und Ihn
(**0983**-6) Hrsg. H. Fauser, 96 S., 15 s/w-Zeichn., zahlreiche Vignetten, kart. ●

Sketche und Blackouts zum Nachspielen
(**0941**-0) Von E. Cohrs, 112 S., 12 Zeichnungen, kart. ●

Vorhang auf!
Neue Sketche für jung und alt.
(**0898**-8) Von H. Pillau, 96 S., 22 Zeichnungen, kart. ●

Witzige Sketche zum Nachspielen
(**0511**-3) Von D. Hallervorden, 112 S., kart. ●●

Tolle Sketche
mit zündenden Pointen – zum Nachspielen.
(**0656**-X) Von E. Cohrs, 112 S., kart. ●

Vergnügliche Sketche
(**0476**-1) Von H. Pillau, 96 S., 7 Zeichn., kart. ●

Lustige Sketche
Kurze Theaterstücke für Jungen und Mädchen
(**0669**-1) Von U. Lietz, U. Lange, 96 S., kart. ●

Spielbare Witze für Kinder
(**0824**-4) Von H. Schmalenbach, 112 S., 30 Zeichnungen, kart. ●

Die besten Beamtenwitze
(**0574**-1) Von W. Pröve, 80 S., 39 Zeichnungen, kart. ●

Witzig, witzig
(**0507**-5) Von E. Müller, 128 S., 16 Zeichnungen kart. ●

Die besten Kinderwitze
(**0757**-4) Von K. Rank, 112 S., 28 Zeichnungen, kart. ●

Lach mit!
Witze für Kinder, gesammelt von Kindern.
(**0468**-0) Von W. Pröve, 96 S., 17 Zeichnungen, kart. ●

Spiele und Denksport

Neues Buch der siebzehn und vier Kartenspiele
(**0095**-2) Von K. Lichtwitz, 96 S., kart. ●

Alles über Pokern
Regeln und Tricks.
(**2024**-4) Von C. D. Grupp, 112 S., 29 Kartenbilder, kart. ●

Romme' und Canasta
in allen Variationen.
(**2025**-2) Von C. D. Grupp, 88 S., 24 Zeichnungen, kart. ●

Doppelkopf, Schafkopf, Binokel, Cego, Tarock und andere Stammtischspiele.
(**2015**-5) Von C. D. Grupp, 112 S., kart. ●

Black Jack
Regeln und Strategien des Kasinospiels.
(**2032**-3) Von K. Kelbratowski, 88 S., kart. ●

Spielend Skat lernen
unter freundlicher Mitarbeit des Deutschen Skatverbandes.
(**2005**-8) Von Th. Krüger, 120 S., 181 s/w-Fotos, 22 Zeichn., kart. ●

Patiencen
In Wort und Bild. (**2003**-1) Von I. Wolter-Rosendorf, 120 S., kart. ●

Neue Patiencen
(**2036**-8) Von H. Sosna, 160 S., 43 Farbtafeln, kart. ●●

Falken-Handbuch **Bridge**
Von den Grundregeln zum Turnierspiel.
(**4092**-X) Von W. Voigt und K. Ritz, 280 S., 792 Zeichnungen, gebunden. ●●●●

Spielend Bridge lernen
(**2012**-0) Von J. Weiss, 96 S., 58 Zeichnungen, kart. ●

Präzisions-Treff im Bridge
(**2037**-6) Von E. Jannersten, 152 S. kart. ●●

Spieltechnik im Bridge
(**2004**-X) Von V. Mollo und N. Gardener, deutsche Adaption von D. Schröder, 152 S., kart. ●●●

Neue Kartentricks
(2027-9) Von K. Pankow, 104 S., 20 Abb., kart. ●

Das japanische Brettspiel Go
(**2020**-1) Von W. Dörholt, 104 S., 182 Diagramme, kart. ●

Mah-Jongg
Das chinesische Glücks-, Kombinations- und Gesellschaftsspiel. (**2030**-9) Von U. Eschenbach, 80 S., 30 s/w-Fotos, 5 Zeichn., kart. ●

Backgammon
für Anfänger und Könner. (**2008**-2) Von G. W. Fink und G. Fuchs, 104 S., 41 Abb., kart. ●

Das Backgammon-Handbuch
(**4422**-4) Von E. Heyken, M. B. Fischer, 232 S., 400 Abbildungen, Pappband. ●●●●

Würfelspiele
für jung und alt. (**2007**-4) Von F. Pruss, 112 S., 21 s/w-Zeichnungen, kart. ●

Roulette richig gespielt
Systemspiele, die Vermögen brachten.
(**0121**-5) Von M. Jung, 96 S., zahlreiche Tabellen, kart. ●

Spiele für Party und Familie
(**2014**-7) Von Rudi Carrell, 80 S., 22 Zeichnungen, kart. ●

Neue Spiele für Ihre Party
(**2022**-8) Von G. Blechner, 120 S., 54 Zeichnungen, kartoniert. ●

Lustige Tanzspiele und Scherztänze
für Partys und Feste.
(**0165**-7) Von E. Bäulke, 80 S., 53 Abb., kart. ●

Das Spiel mit der Schwerkraft
Jonglieren
Mit Bällen, Keulen, Ringen und Diabolo.
(**1009**-5) Von S. Peter, 80 S., 149 Farbfotos, kartoniert. ●●

Magische Zaubereien
(**0672**-1) Von W. Widenmann, 64 S., 31 Zeichnungen, kart. ●

Zaubern
einfach – aber verblüffend.
(**2018**-X) Von D. Bouch, 84 S., 41 Zeichnungen, kart. ●

Scherzfragen, Drudel und Blödeleien
gesammelt von Kindern.
(**0506**-7) Hrsg. von W. Pröve, 80 S., 57 Zeichnungen, kart. ●

Kinderspiele
die Spaß machen.
(**2009**-0) Von H. Müller-Stein, 104 S., 28 Abb., kart. ●

Kinderspiele mit Buchstaben und Wörtern
(**1041**-9) Von Dr. U. Vohland, 96 S., 53 Zeichnungen, kartoniert. ●

Spiel und Spaß am Krankenbett
für Kinder und die ganze Familie.
(**2035**-X) Von H. Bücken, 96 S., 97 Zeichnungen, kart. ●

Spiele im Freien
(**2038**-4) Von G. Wagner, 88 S., 20 zweif. Zeichnungen, kartoniert. ●

Spiel und Spaß zu Hause
(**2039**-2) Von U. Geißler, 80 S., 90 zweifarbige Abbildungen, kart. ●

Spiel und Spaß auf Reisen
Für Kinder und die ganze Familie
(**1085**-0) Von U. Geißler, 80 S., 107 zweifarbige Zeichnungen, kart. ●

Guten Tag, Kinder!
Neue Texte mit Spielanleitungen fürs Kasperletheater. (**0861**-9) Von U. Lietz, 96 S., 18 s/w-Zeichnungen, kart. ●

Kasperletheater
Spieltexte und Spielanleitungen · Basteltips für Theater und Puppen.
(**0641**-1) Von U. Lietz, 114 S., 4 Farbtafeln, 12 s/w-Fotos, 39 Zeichnungen, kart. ●

Kindergeburtstage, die keiner vergißt
Planung, Gestaltung, Spielvorschläge.
(**0698**-5) Von G. und G. Zimmermann, 104 S., 80 Vignetten, kart. ●

Kindergeburtstag
Vorbereitung, Spiel und Spaß.
(**0287**-4) Von Dr. I. Obrig, 136 S., 40 Abb., 11 Zeichnungen, 9 Lieder mit Noten, kart. ●

Unvergeßliche Kinderfeste
Tolle Dekorationen, Spiele, Sketche für drinnen und draußen
(**4457**-7) Von Dr. G. Hennekemper, 192 S., 111 Farbfotos, 214 Farb- und 14 s/w-Zeichnungen, 4 Seiten Schnittmuster, Pappband. ●●●

Knobeleien und Denksport
(**2019**-8) Von K. Rechberger, 142 S., 105 Zeichnungen, kart. ●

Das Super-Kreuzwort-Rätsel-Lexikon
Über 150.000 Begriffe.
(**4279**-5) Von H. Schiefelbein, 688 S., Pappband. ●●

Computerbücher und Software

FALKEN Computer Lexikon
(**4185**-3) 312 S., 173 s/w-Fotos, Pappband. ●●●

Computer-Grundwissen
Eine Einführung in Funktion und Einsatzmöglichkeiten. (**4359**-7) Von Chr. T. Wolff, 176 S., 193 Farb- und 12 s/w-Fotos, 37 Computergrafiken, kartoniert. ●●● (**4358**-9) Pappband. ●●●●

Daten-Fernübertragung
Vom Akustikkoppler bis zum lokalen Netzwerk
(**4325**-2) Von P. C. den Heijer, R. Tolsma, 272 S., zahlreiche Abb., kartoniert. ●●●●●

Microsoft Excel
Tabellenkalkulationen, Geschäftsgrafik und Datenbank im Selbststudium für alle Versionen bis 2.1. Mit Tutor-Diskette.
(**4333**-3) Von P. Vogel, M. Hofmann, 176 S., 112 zweifarbige Abb., kartoniert. ●●●●●

Desktop Publishing: Typografie und Layout
Seiten gestalten am PC · für Einsteiger und Profis
(**4330**-9) Von Dr. H. D. Baumann, M. Klein, 320 S., zahlreiche zweifarbige Abb., Pappband. ●●●●●

Einführung in Pascal
Garantiert Pascal lernen durch schrittweise Erarbeitung
(**4329**-5) Von R. Röder, 270 S., durchgehend zweifarbig, Pappband. ●●●●●

Einführung in C
(**4336**-8) Von A. Janka, P. Welzig, 270 S., zahlreiche Abbildungen, mit Begleitdiskette 5 1/4", Pappband. ●●●●●

PC HELP!
CONFIG.SYS und AUTOEXEC. BAT
Optimale Systemkonfiguration
(**4338**-4) Von A. Görgens, 64 S., ca. 50 s/w-Abbildungen und Grafiken, kartoniert. ●●

PC HELP!
DOS-Kommandos richtig nutzen
(**4339**-2) Von A. Görgens, 64 S., ca. 50 s/w-Abbildungen und Grafiken, kartoniert. ●●

PC HELP!
Dateien retten mit Norton Utilities und PC-Tools
(**4340**-6) Von A. Görgens, 64 S., ca. 50 s/w-Abbildungen und Grafiken, kartoniert. ●●

PC HELP!
Batch-Dateien – DOS-Abläufe selber festlegen
(**4341**-4) Von A. Görgens, 64 S., ca. 50 s/w-Abbildungen und Grafiken, kartoniert. ●●

PC HELP!
Word – Serienbriefe
(**4342**-2) Von P. Vogel, 64 S., ca. 50 s/w-Abbildungen und Grafiken, kartoniert. ●●

PC HELP!
Geschäftsgrafiken mit Lotus 1-2-3
(**4343**-0) Von P. Vogel, 64 S., ca. 50 s/w-Abbildungen und Grafiken, kartoniert. ●●

PC HELP!
Die ersten Schritte mit dem PC
(**4344**-9) Von P. Vogel, H. Ebsen, 64 S., ca. 50 s/w-Abbildungen und Grafiken, kart. ●●

PC HELP!
Mehr Speicher unter DOS nutzen
(**4345**-7) Von K. O. Kuhl, 64 S., ca. 50 s/w-Abbildungen und Grafiken, kartoniert. ●●

PC HELP!
Viren erkennen und beseitigen
(**4346**-5) Von M. Hofmann, 64 S., ca. 50 s/w-Abbildungen und Grafiken, kartoniert. ●●

PC HELP!
dBASE-Relationen richtig nutzen
(**4347**-3) Von M. Hofmann, 64 S., ca. 50 s/w-Abbildungen und Grafiken, kartoniert. ●●

PC HELP!
Termine steuern mit FRAMEWORK III
(**4348**-1) Von M. Hofmann, 64 S., ca. 50 s/w-Abbildungen und Grafiken, kartoniert. ●●

PC HELP!
Listendruck mit dBASE und kompatiblen Programmen
(**4349**-X) Von M. Hofmann, 64 S., ca. 50 s/w-Abbildungen und Grafiken, kartoniert. ●●

FALKEN Software
Einstellungstests
Die optimale Vorbereitung für Bewerber
(**7013**-6) Wendediskette für C 64/C 128 PC, mit Begleitheft. ●●●●*

FALKEN Software
Schnell und sicher zum
Führerschein
Intensivtraining mit dem amtlichen Fragenkatalog
(**7024**-1) für Atari ST 520/1040, mit Begleitheft. ●●●●●*
(**7029**-2) f. Amiga, mit Begleitheft. ●●●●●*

FALKEN Software
Maschinenschreiben und Tastaturtraining für Computer
(**7009**-8) Von B. Hoppius, Diskette 5 1/4" u. 3 1/2" für IBM PC + Kompatible, mit Begleitheft. ●●●●●*

FALKEN Software
Musterkorrespondenz in Deutsch, Englisch, Französisch, Italienisch, Spanisch
(**7041**-1) Diskette 5 1/4" für IBM-PC + Kompatible, mit Begleitbroschüre. ●●●●●*
(**7051**-9) Diskette 3 1/2" für IBM-PC + Kompatible, mit Begleitbroschüre. ●●●●●*

FALKEN Software
TEXAD
Text- und Adressenverwaltung
Mit Musterbriefen und Formularen für den privaten und geschäftlichen Bereich
(**7017**-9) für IBM-PC und Kompatible, Disk, 5 1/4", mit Begleitheft. ●●●●●*
(**7048**-9) Diskette 3 1/2", mit Handbuch. ●●●●●*
(**7049**-7) Demo-Version 5 1/4", ohne Handbuch. ●●*
(**7050**-0) Demo-Version 3 1/2", ohne Handbuch. ●●*

FALKEN Software
DOS-Tutor
DOS lernen, üben und beherrschen
(**7020**-9) Diskette 5 1/4" für IBM PC + Kompatible, mit Begleitheft. ●●●●●*
(**7021**-7) Diskette 3 1/2" für IBM PC + Kompatible, mit Begleitheft. ●●●●●*

FALKEN Software
Wirtschaftsrechnen in Beruf und Alltag.
(**7037**-3) Diskette für IBM PC + Kompatible, mit Begleitheft. ●●●●●*

FALKEN Software
Vokabeltrainer Englisch
Über 2000 Vokabeln und Redewendungen
(**7001**-2) Disk. für C 64/C 128 PC, mit Begleitheft ●●●●●*
(**7007**-1) Disk. für Atari ST 520/1040, mit Begleitheft. ●●●●●*

FALKEN Software
Take a Trip to Britain
Spielend Englisch lernen mit dem Computer
(**7004**-7) Diskette für C 64/C 128 PC, mit Begleitheft. ●●●●*
(**7039**-X) Diskette 5 1/4" für IBM-PC + Kompatible, mit Begleitheft. ●●●●●*

FALKEN Software
The Grammar Master
(**7002**-0) Diskette für C 64/C 128 PC, mit Begleitheft. ●●●●*
(**7030**-6) für IBM PC + Kompatible, mit Begleitheft. ●●●●●*
(**7031**-4) für Atari ST 520/1040, mit Begleitheft. ●●●●●*
(**7032**-2) für Amiga, mit Begleitheft. ●●●●●*

FALKEN Software
From Coast to Coast
Travelling through the USA
(**7040**-3) Diskette 5 1/4" für IBM-PC + Kompatible, mit Begleitbroschüre. ●●●●●*
(**7061**-6) Diskette 3 1/2" für IBM-PC + Kompatible, mit Begleitbroschüre. ●●●●●*

FALKEN Software
Vokabeltrainer Französisch
Über 2000 Vokabeln und Redewendungen frei erweiterbar.
(**7018**-7) Systemdisk. + Wendedisk. für C 64/C 128 PC, mit Begleitheft. (**7019**-5) Disk. für IBM-PC + Kompatible, mit Begleitheft. ●●●●●*

FALKEN Software
Je finis, tu finis … maîtrisez la grammaire française
Französische Grammatik lernen und beherrschen
(**7053**-5) Diskette 5 1/4" für IBM-PC + Kompatible, mit Begleitbroschüre. ●●●●●*
(**7069**-1) Diskette 3 1/2" für IBM-PC + Kompatible, mit Begleitbroschüre. ●●●●●*

FALKEN Software
Le monde des affaires en français
Wirtschaftsfranzösisch leicht gelernt
(**7054**-3) Diskette 5 1/4" für IBM-PC + Kompatible, mit Begleitbroschüre. ●●●●●*
(**7068**-3) Diskette 3 1/2" für IBM-PC + Kompatible, mit Begleitbroschüre. ●●●●●*

FALKEN Software
Vokabeltrainer Italienisch
Über 2000 Vokabeln und Redewendungen frei erweiterbar.
(**7065**-9) Diskette 5 1/4" für IBM-PC + Kompatible, mit Begleitbroschüre. ●●●●●*
(**7064**-0) Diskette 3 1/2" für IBM-PC + Kompatible, mit Begleitbroschüre. ●●●●●*

FALKEN Software
Vokabeltrainer Latein
Über 2000 Vokabeln und Redewendungen frei erweiterbar.
(**7022**-5) Von B. Hoppius, 2 Wendedisketten für C 64/C 128 PC, mit Begleitheft
(**7033**-0) Diskette für IBM-PC + Kompatible, mit Begleitheft. ●●●●●*

FALKEN Software
Börsenfieber
Spielend spekulieren mit Geld und Aktien
(**7016**-0) für IBM PC + Kompatible, Diskette 5 1/4", mit Begleitheft. ●●●●●*
(**7026**-8) für C 64/C 128 PC mit Begleitheft, (**7027**-6) für Atari ST 520/1040, mit Begleitheft, ●●●●●*
(**7028**-4) für Amiga, mit Begleitheft. ●●●●●*
(**7044**-6) für IBM PC + Kompatible, Diskette 3 1/2", mit Begleitheft. ●●●●●*
(**7038**-1) für C 64/128 C Kassette, mit Begleitheft, ●●●●*

FALKEN Software
Börsenfieber
Über 100 neue Ereignisse
(**7066**-7) Diskette 5 1/4" für IBM-PC + Kompatible, mit Begleitbroschüre. ●●●*
(**7067**-5) Diskette 3 1/2" für IBM-PC + Kompatible, mit Begleitbroschüre. ●●●*

FALKEN Software
Broker King
Cash und crash an der Terminbörse
(**7057**-8) Diskette 5 1/4" für IBM-PC + Kompatible, mit Begleitbroschüre. ●●●●●*
(**7058**-6) Diskette 3 1/2" für IBM-PC + Kompatible, mit Begleitbroschüre. ●●●●●*

Video

Hobby Aquarellmalen
Landschaft und Stilleben
(**6022**-X) VHS, 40 Min., in Farbe, mit Begleitheft. ●●●●*

Hobby Ölmalerei
Landschaft und Stilleben
(**6025**-4) VHS, 40 Min., in Farbe, mit Begleitheft. ●●●●*

Basteln mit Kindern
(**6041**-6) VHS, 60 Min., in Farbe, mit Vorlagen in Originalgröße, mit Begleitheft. ●●●*

Die Modelleisenbahn
Anlagenbau in Modultechnik
(**6028**-9) VHS, 30 Min., in Farbe. ●●●●*

Fit und Gesund
Körpertraining und Bodybuilding zu Hause
(**6013**-0) VHS, 30 Min., in Farbe, mit Begleitheft. ●●●●*

Golf
(**6053**-X) VHS, 60 Min., in Farbe, mit Begleitheft. ●●●●●*

Pflanzenjournal
Blumen- und Pflanzenpflege im Jahreslauf
(**6036**-X) VHS, 30 Min., mit Begleitheft. ●●●●*

Schnitt und Pflege von Bäumen und Sträuchern
(**6050**-5) VHS, 45 Min., in Farbe, mit Begleitheft. ●●●●*

Aktfotografie
Gestaltung/Technik/Spezialeffekte
Interpretationen zu einem unerschöpflichen Thema
(**6001**-7) VHS, 60 Min., in Farbe, mit Begleitheft. ●●●●●*

Videografieren
Technik/Bildgestaltung/Schnitt/Vertonung, Filmen mit Video 8
(**6031**-9) VHS,
60 Min., in Farbe, mit Begleitheft. ●●●●●*

Videografieren perfekt
Profitricks für Aufnahmetechnik und Nachbearbeitung
(**6042**-4) VHS, (**6043**-2) Beta, (**6044**-4) Video 8, 60 Min., in Farbe, mit Begleitheft. ●●●●●*

Streicheleinheiten für Körper und Seele
Partnermassage
(**6051**-3) VHS, 45 Min., in Farbe, mit Begleitheft. ●●●●●*

Reiseziel **New York**
Die schönsten Sehenswürdigkeiten, präzise Informationen, praktische Tips
(**6048**-3) VHS, 60 Min., in Farbe, mit Begleitheft. ●●●●●*

Reiseziel **Kalifornien**
San Franzisko und die schönsten Ziele in Kalifornien.
Präzise Informationen und praktische Tips
(**6049**-1) VHS, 60 Min., in Farbe, mit Begleitbroschüre. ●●●●●*

Reiseziel **Florida**
(**6054**-8) VHS, 60 Min., in Farbe, mit Begleitheft. ●●●●●*

Reiseziel **Hawaii**
Das Paradies im Stillen Ozean
(**6063**-7) VHS, ca. 60 Min., in Farbe, Timecode, Kompaktreiseführer mit Panoramakarte im Taschenformat. ●●●●●*

Info-Tour USA
Die Highlights aus dem FALKEN Reiseprogramm
(**6060**-2) VHS, 30 Min., in Farbe, mit Begleitheft. ●*

Reiseziel **USA**
(**6055**-6) VHS, 60 Min., in Farbe, mit Begleitheft. ●●●●●*

Reiseziel **Irland**
(**6059**-9) VHS, 60 Min., in Farbe, mit Begleitheft. ●●●●●*

Reiseziel **Norwegen**
Rundreise zu den schönsten Fjorden, präzise Informationen, praktische Tips.
(**6058**-0) VHS, ca. 60 Min., in Farbe, Timecode, Kompaktreiseführer mit Panoramakarte im Taschenformat. ●●●●●*

Reiseziel **Kanarische Inseln**
Schöne Strände, interessante Exkursionen
(**6064**-5) VHS, ca. 60 Min., in Farbe, Timecode, Kompaktreiseführer mit Panoramakarte im Taschenformat. ●●●●●*

Reiseziel **Thailand**
(**6065**-3) VHS, ca. 60 Min., in Farbe, Timecode, Kompaktreiseführer mit Panoramakarte im Taschenformat. ●●●●●*

Reiseziel **Berlin**
Kultur, Shopping, Erlebnis
(**6067**-X) VHS, ca. 60 Min., in Farbe, Timecode, Kompaktreiseführer mit Panoramakarte im Taschenformat. ●●●●●*

Körpersprache
verstehen und deuten
(**6046**-7) VHS, 60 Min., in Farbe, mit Begleitheft. ●●●●●*

Das erfolgreiche Vorstellungsgespräch
(**6047**-5) VHS, 60 Min., in Farbe, mit Begleitheft. ●●●●●*

Bestellschein

Erfüllungsort und Gerichtsstand für Vollkaufleute ist der jeweilige Sitz der Lieferfirma. Für alle übrigen Kunden gilt dieser Gerichtsstand für das Mahnverfahren. Falls durch besondere Umstände Preisänderungen notwendig werden, erfolgt Auftragserledigung zu dem bei der Lieferung gültigen Preis.

Ich bestelle hiermit aus dem Falken-Verlag GmbH, Postfach 1120, D-6272 Niedernhausen/Ts., durch die Buchhandlung:

Ex.

Ex.

Ex.

Ex.

Name: Datum:

Straße:

Ort: Unterschrift:

Die hier vorgestellten Bücher, Videokassetten und Software sind in folgende Preisgruppen unterteilt:

- ● Preisgruppe bis DM 10,–/S 79,–/SFr 10,–
- ●● Preisgruppe über DM 10,– bis DM 20,– S 80,– bis S 160,– SFr 10,– bis SFr 20,–
- ●●● Preisgruppe über DM 20,– bis DM 30,– S 161,– bis S 240,– SFr 20,– bis SFr 29,–
- ●●●● Preisgruppe über DM 30,– bis DM 50,– S 241,– bis S 400,– SFr 29,– bis SFr 48,–
- ●●●●● Preisgruppe über DM 50,–/S 401,–/SFr 48,–

*(unverbindliche Preisempfehlung)

Die Preise entsprechen dem Status beim Druck dieses Verzeichnisses (s. Seite 1) – Änderungen, im besonderen der Preise, vorbehalten –

Falken-Verlag GmbH · Postfach 1120 FALKEN **D-6272 Niedernhausen/Ts. · Tel.: 0 61 27/70 20**